GUIDA PER PREPPER AI DISASTRI NATURALI SOPRAVVIVENZA

Manuale per la Preparazione, la Sicurezza e la Resilienza

Clement U. Moss

Copyright

©Clement U. Moss, 2024.

Tutti i diritti riservati. Nessuna parte di questa pubblicazione può essere riprodotta, archiviata o trasmessa in qualsiasi forma o con qualsiasi mezzo, elettronico, meccanico, fotocopiatura, registrazione, scansione o altro senza il permesso scritto dell'editore. È illegale copiare questo libro, pubblicarlo su un sito Web o distribuirlo con qualsiasi altro mezzo senza autorizzazione.

Sommario

Copyright 1
Sommario 2
INTRODUZIONE 5

Capitolo 1 13
VALUTARE IL RISCHIO 13
   Identificazione dei disastri naturali comuni nella tua zona 13
   Valutazione delle vulnerabilità personali e comunitarie 19
   Preparazione di un piano di valutazione del rischio di catastrofe 27

Capitolo 2 35
COSTRUIRE UN KIT DI PREPARAZIONE AI DISASTRI 35
   Articoli di sopravvivenza essenziali per ogni situazione 35
   Conservazione di cibo e acqua: cosa ti serve 42
   Forniture sanitarie e igieniche per l'emergenza 48

Capitolo 3 57
CREARE UN PIANO DI EMERGENZA 57
   Sviluppare un piano di comunicazione familiare 57
   Stabilire percorsi di evacuazione e punti di incontro...

64

Elenchi dei contatti di emergenza e documentazione 70

Capitolo 4... 77
PROTEGGERE LA TUA CASA DAI DISASTRI...........77
Fortificazione domestica per tempeste, terremoti e inondazioni..77
Rendere ignifuga e antiallagamento la tua casa.....83
Alimentazione e utilità di backup........................... 90

Capitolo 5... 97
SOPRAVVIVERE A TERREMOTI E TSUNAMI...........97
Preparativi ed esercitazioni pre-terremoto............97
Pratiche sicure durante terremoti e tsunami......... 102
Recupero e sicurezza post-terremoto..................105

Capitolo 6...113
PREPARARSI AGLI URAGANI, TORNADO E TEMPESTE...113
Piani di evacuazione e rifugio in caso di uragano. 113
Suggerimenti per la sicurezza dei tornado e protocolli di emergenza...120
Resistere a forti tempeste in sicurezza.................127

Capitolo 7.. 137
GESTIONE DELLE INONDAZIONI E DEGLI INCENDI.. 137
Misure preventive per le aree soggette ad alluvioni... 137

Tattiche di sopravvivenza alle inondazioni: prima, durante e dopo..145
Preparazione ed evacuazione in caso di incendi boschivi..153

Capitolo 8..**163**
PRONTO SOCCORSO E PREPARAZIONE MEDICA....163
Assemblare un kit di pronto soccorso completo... 163
Tecniche di risposta medica d'emergenza............ 171
Gestione dei problemi di salute cronici durante i disastri.. 178

CONCLUSIONE..**189**

INTRODUZIONE

I disastri naturali sono eventi improvvisi e catastrofici causati da processi naturali della Terra, che spesso provocano danni significativi e perdite di vite umane. Questi eventi sono generalmente classificati in geofisici (terremoti, eruzioni vulcaniche), idrologici (inondazioni), meteorologici (uragani, tornado) e climatologici (siccità, incendi). Le cause di questi disastri derivano dai meccanismi naturali della Terra: movimenti delle placche tettoniche, disturbi atmosferici e variabilità climatica. Ad esempio, i terremoti sono il risultato dello spostamento delle placche tettoniche sotto la superficie terrestre, mentre gli uragani si formano dall'interazione delle calde acque oceaniche e delle pressioni atmosferiche.

Questi disastri colpiscono le comunità in modo profondo. I terremoti possono distruggere intere aree urbane, causando danni strutturali a edifici, strade e ponti. Uragani e inondazioni spazzano via case, interrompono le infrastrutture e portano a perdite economiche a lungo termine. Gli incendi, spesso innescati da siccità prolungate e alte temperature, decimano gli ecosistemi, sfollando sia le persone che la fauna selvatica. Al di là della distruzione fisica immediata, il prezzo da pagare a livello psicologico ed emotivo per i sopravvissuti è notevole. Molte comunità si trovano ad affrontare la perdita di case, posti di lavoro e persone care, creando un ciclo di povertà e sfollamento. Un esempio particolarmente devastante è l'uragano Katrina del 2005, che causò oltre 1.800 vittime, migliaia di sfollati e causò danni per oltre 160 miliardi di dollari sulla costa del Golfo degli Stati Uniti. L'uragano ha messo in luce le vulnerabilità nella preparazione alle catastrofi e nelle capacità di risposta delle agenzie locali e federali.

Negli ultimi anni, il cambiamento climatico ha contribuito in modo determinante all'aumento della frequenza e della gravità di alcuni disastri naturali, in particolare eventi meteorologici e climatologici. Le temperature globali più calde hanno portato a uragani e incendi più intensi, mentre l'innalzamento del livello del mare contribuisce alle inondazioni costiere. Secondo l'Organizzazione Meteorologica Mondiale, il numero di disastri legati al clima è quintuplicato negli ultimi 50 anni, con una media di 115 persone che muoiono ogni giorno a causa di questi eventi. Anche le perdite economiche dovute ai disastri durante questo periodo sono aumentate, raggiungendo i 3,64 trilioni di dollari. Queste statistiche sottolineano la crescente necessità di una preparazione globale alle catastrofi, soprattutto quando le popolazioni si espandono in aree vulnerabili come le pianure alluvionali e le coste.

La preparazione alle catastrofi svolge un ruolo fondamentale nel mitigare l'impatto di questi eventi. Essere preparati significa disporre di strategie per proteggere vite umane, proprietà e infrastrutture essenziali prima che si verifichi un disastro. Gli sforzi di preparazione includono la creazione di piani di emergenza, lo stoccaggio di forniture essenziali, il rafforzamento delle case e l'educazione del pubblico su come rispondere efficacemente in caso di catastrofe. Le comunità che investono nella preparazione alle catastrofi sono meglio attrezzate per gestire le conseguenze dei disastri naturali, riducendo le perdite di vite umane, i feriti e i danni alle proprietà.

Uno degli aspetti chiave della preparazione sono i sistemi di allarme rapido. Questi sistemi forniscono avvisi in anticipo, consentendo alle persone di evacuare o rifugiarsi. Ad esempio, nel caso degli uragani, i meteorologi possono ora prevedere il percorso e l'intensità della tempesta con giorni di anticipo, dando alle persone il tempo cruciale per spostarsi in aree più sicure. Il Global Disaster Alert and Coordination System (GDACS) è stato determinante nella diffusione di tali avvertimenti, riducendo in modo significativo il bilancio delle vittime in molti casi. Durante il tifone Haiyan nelle Filippine nel 2013, gli allarmi tempestivi hanno consentito l'evacuazione di oltre 750.000 persone, salvando innumerevoli vite. Sebbene il tifone abbia comunque causato danni ingenti e causato la morte di oltre 6.000 persone, il bilancio delle vittime avrebbe potuto essere molto più alto senza questi sforzi di preparazione.

Anche le campagne di istruzione e sensibilizzazione costituiscono una parte fondamentale della preparazione. Insegnare alle persone come rispondere alle emergenze, sia che si tratti di "abbassarsi, coprirsi e resistere" durante un terremoto o di spostarsi su un terreno più elevato durante le inondazioni, può ridurre drasticamente le vittime. I governi e le organizzazioni no-profit spesso si impegnano in simulazioni ed esercitazioni, garantendo che le comunità, soprattutto nelle aree soggette a disastri, sappiano esattamente cosa fare di fronte a una crisi. Il Giappone ne è un esempio lampante. Situato in una delle regioni sismicamente più attive del mondo, il Giappone dispone di norme edilizie rigorose, esercitazioni periodiche sui terremoti e un sistema di allarme rapido estremamente efficace. Queste misure hanno ridotto significativamente le vittime durante i terremoti rispetto ai paesi con una preparazione meno solida.

Un altro aspetto cruciale della preparazione è la resilienza delle infrastrutture. Gli edifici progettati per resistere ai terremoti, gli argini costruiti per prevenire le inondazioni e le barriere tagliafuoco istituite per controllare la diffusione degli incendi possono ridurre drasticamente la distruzione fisica causata dai disastri naturali. Ad esempio, il Cile, un paese spesso colpito da forti terremoti, ha investito molto in infrastrutture antisismiche. Di conseguenza, durante il terremoto del 2010, che ha misurato 8,8 sulla scala Richter, il bilancio delle vittime è stato mantenuto a un numero relativamente basso di 525 persone, in netto contrasto con il devastante terremoto di magnitudo 7.0 che ha colpito Haiti nello stesso anno, che ha ucciso circa 230.000 persone. . Questo contrasto evidenzia quanto sia fondamentale costruire e mantenere infrastrutture resistenti ai disastri.

La preparazione non solo protegge vite umane e proprietà, ma accelera anche la ripresa. Dopo un disastro, le comunità che hanno investito nella preparazione sono spesso in grado di riprendersi più velocemente e in modo più efficace. Ciò include la stipula di polizze assicurative, la garanzia dell'accesso ai fondi di soccorso e il mantenimento di scorte di forniture essenziali come cibo, acqua e forniture mediche. La preparazione consente un ripristino più rapido di servizi essenziali come l'elettricità, l'approvvigionamento idrico e l'assistenza sanitaria. Quanto più velocemente questi servizi verranno ripristinati, tanto più velocemente l'economia potrà riprendersi e la comunità potrà tornare alla normalità.

Al contrario, le conseguenze dell'impreparazione sono disastrose. Quando i disastri colpiscono comunità impreparate, le conseguenze possono essere catastrofiche. Nel 2010, il già citato terremoto di Haiti ha devastato la capitale Port-au-Prince. Gli edifici mal costruiti del paese, la mancanza di servizi di emergenza e la scarsa consapevolezza pubblica sulla sicurezza in caso di terremoto hanno contribuito all'elevato numero di vittime e all'immensa distruzione. Inoltre, il processo di ripresa di Haiti è stato dolorosamente lento, poiché le infrastrutture del paese sono state in gran parte distrutte, portando a una dipendenza a lungo termine dagli aiuti internazionali. Allo stesso modo, nel 2020, gli incendi in California hanno illustrato le conseguenze di un'insufficiente preparazione. Sebbene molte aree avessero implementato strategie di prevenzione degli incendi, la portata senza precedenti degli incendi ha sopraffatto le risorse esistenti, provocando danni per 19 miliardi di dollari e sfollando migliaia di persone.

La necessità di essere preparati è particolarmente evidente in seguito a questi disastri. I governi, le comunità e gli individui devono investire per essere preparati a ridurre il rischio e la portata della devastazione. Una preparazione globale alle catastrofi riduce la pressione economica sulle nazioni, mitiga i danni ambientali e, soprattutto, salva vite umane. Le comunità preparate non solo sopravvivono, ma sono in una posizione migliore per riprendersi e ricostruire, garantendo la resilienza per il futuro.

Capitolo 1

VALUTARE IL RISCHIO

Identificazione dei disastri naturali comuni nella tua zona

I disastri naturali si verificano in forme diverse, a seconda delle condizioni geologiche, meteorologiche e ambientali di una regione. Questi eventi catastrofici hanno caratteristiche distinte e impatti variabili sulle aree colpite. Terremoti, inondazioni, incendi e uragani sono alcuni dei tipi più comuni, ciascuno derivante da specifici processi naturali. Comprenderne le cause e identificarne la probabilità in particolari posizioni geografiche è fondamentale per la preparazione e la sicurezza.

I terremoti sono causati dallo spostamento e dal movimento delle placche tettoniche sotto la superficie terrestre. Tendono ad essere prevalenti lungo le linee di faglia, dove queste placche si incontrano. Le regioni situate vicino all'Anello di Fuoco del Pacifico, inclusi paesi come Giappone, Indonesia e Cile, sono soggette a frequenti attività sismiche a causa della loro vicinanza ai confini delle placche attive. I terremoti sono spesso imprevedibili, il che rende essenziale per coloro che vivono in zone sismicamente attive essere consapevoli di ciò che li circonda. Il terremoto del 2011 in Giappone, che ha scatenato un devastante tsunami e causato notevoli perdite di vite umane, è un esempio dei pericoli associati a questi eventi. Le mappe sismiche, che tracciano le linee di faglia e l'attività storica dei terremoti, possono aiutare i residenti e gli urbanisti a comprendere la probabilità dei terremoti nella loro zona.

Le inondazioni sono un altro disastro naturale comune, spesso innescato da forti piogge, tempeste o dallo straripamento di fiumi e dighe. Le zone basse, soprattutto quelle vicine a grandi specchi d'acqua, sono altamente suscettibili alle inondazioni. Le città costiere e i paesi lungo i fiumi sono spesso colpiti. Ad esempio, il Bangladesh è soggetto a regolari inondazioni monsoniche a causa della sua posizione nel delta di un fiume, dove si incontrano i fiumi Brahmaputra e Gange. La topografia locale, la saturazione del suolo e la presenza di sistemi di drenaggio naturali sono tutti fattori che influenzano i rischi di inondazioni. Negli ultimi anni, il cambiamento climatico ha aumentato la frequenza e l'intensità delle inondazioni. Nel 2022, gravi inondazioni in Pakistan causate da piogge monsoniche insolitamente abbondanti hanno provocato lo sfollamento di milioni di persone e la distruzione di vaste quantità di infrastrutture. Le aree soggette a inondazioni possono essere identificate utilizzando mappe delle pianure alluvionali, dati idrologici e proiezioni climatiche.

Gli incendi sono generalmente associati a condizioni calde e secche e sono più comuni nelle aree in cui la siccità è frequente. Possono essere innescati da cause naturali come fulmini o attività umane come mozziconi di sigarette scartati o fuochi da campo incustoditi. Gli Stati Uniti occidentali, in particolare la California, sono soggetti a regolari incendi durante la stagione secca. Siccità prolungate, combinate con forti venti e bassa umidità, creano le condizioni ideali affinché questi incendi si diffondano rapidamente. Nel 2020, gli incendi della California hanno bruciato più di 4 milioni di acri, rendendola una delle peggiori stagioni degli incendi nella storia dello stato. Anche la vegetazione regionale, come fitte foreste o arbusti, gioca un ruolo nel determinare la probabilità di incendi. Le aree soggette a incendi si trovano solitamente in regioni con clima mediterraneo, dove le estati sono calde e secche. Le mappe del rischio che includono dati storici sugli incendi e modelli di vegetazione locale possono aiutare a identificare le regioni con un elevato potenziale di incendio.

Gli uragani, conosciuti anche come tifoni o cicloni a seconda della loro posizione, sono intense tempeste tropicali che si formano sulle calde acque oceaniche.

Portano forti venti, forti piogge e mareggiate che possono inondare le zone costiere. La stagione degli uragani atlantici colpisce principalmente gli Stati Uniti orientali, i Caraibi e parti dell'America centrale, mentre i tifoni colpiscono spesso il Sud-est asiatico e il Pacifico occidentale. Ad esempio, l'uragano Dorian nel 2019 ha causato danni diffusi alle Bahamas, con velocità del vento superiori a 185 miglia all'ora, rendendolo uno degli uragani più forti mai registrati. La frequenza e la gravità degli uragani sono influenzate dalle temperature dell'oceano e dalle condizioni atmosferiche. Le regioni costiere, in particolare quelle all'interno delle zone a rischio di uragani, si affidano a sistemi di monitoraggio degli uragani per prevedere il potenziale approdo e valutare i livelli di rischio.

Ciascuno di questi disastri ha modelli geografici distinti. I terremoti si concentrano tipicamente attorno ai confini tettonici, mentre le inondazioni si verificano più frequentemente nelle zone basse e nelle regioni costiere. Gli incendi sono prevalenti nelle regioni con climi caldi e secchi e vegetazione abbondante, mentre gli uragani si formano principalmente sugli oceani tropicali e colpiscono le zone costiere. Comprendere questi modelli regionali è fondamentale per identificare i rischi specifici che una località potrebbe affrontare.

Per coloro che cercano di valutare i rischi di catastrofe in una particolare regione, i dati storici, le caratteristiche geografiche e le tendenze climatiche forniscono informazioni preziose. Il rischio di terremoto viene spesso valutato utilizzando registrazioni di attività sismica e mappe delle linee di faglia. Le aree che hanno subito frequenti terremoti o che si trovano vicino a placche tettoniche attive hanno maggiori probabilità di subire futuri terremoti. La faglia di Sant'Andrea in California, ad esempio, è una nota area a rischio sismico e i residenti sono incoraggiati a prendere precauzioni, come rinforzare gli edifici e preparare kit di emergenza.

I rischi di alluvioni vengono valutati esaminando le mappe delle pianure alluvionali, le caratteristiche dei bacini fluviali e i modelli delle precipitazioni. Nelle regioni soggette a forti piogge o dove i sistemi fluviali sono grandi e interconnessi, aumenta la probabilità di inondazioni. Ad esempio, il fiume Mississippi negli Stati Uniti ha una lunga storia di inondazioni, in particolare durante la primavera, quando lo scioglimento della neve e le forti piogge si combinano per gonfiare le sponde del fiume. L'identificazione delle aree soggette a inondazioni implica la considerazione della topografia, degli eventi alluvionali storici e delle attuali infrastrutture di drenaggio.

Le regioni ad alto rischio di incendi sono generalmente caratterizzate da condizioni secche, venti stagionali e vegetazione infiammabile. Gli incendi boschivi australiani del 2019-2020, ad esempio, sono stati esacerbati dalla siccità estrema e dalle temperature elevate, che hanno provocato la distruzione di vaste aree di territorio e di fauna selvatica. Le aree con frequenti condizioni di siccità, come la California meridionale, l'Australia e parti del Mediterraneo, sono in genere più vulnerabili agli incendi. Le mappe del rischio di incendio che evidenziano le aree secche, boschive e i modelli dei venti sono essenziali per identificare le località a rischio.

I rischi degli uragani sono determinati dalla vicinanza alle acque oceaniche tropicali, dove le temperature calde della superficie del mare alimentano lo sviluppo di queste enormi tempeste. Le regioni costiere lungo il Golfo del Messico, gli Stati Uniti sudorientali e le nazioni insulari dei Caraibi sono particolarmente vulnerabili. Le recenti stagioni degli uragani sono state caratterizzate da una maggiore intensità delle tempeste, con il cambiamento climatico che ha contribuito a rendere le acque oceaniche più calde e a uragani più distruttivi. Il National Hurricane Center negli Stati Uniti fornisce dati in tempo reale sui percorsi delle tempeste e sui potenziali luoghi di approdo, offrendo informazioni critiche per coloro che vivono in aree soggette a uragani.

Oltre ai fattori geografici, il cambiamento climatico ha alterato la frequenza e l'intensità di alcuni disastri naturali. L'aumento delle temperature globali è legato a eventi meteorologici più gravi, tra cui uragani più forti, siccità prolungate e piogge intense che portano a inondazioni. Il Gruppo intergovernativo sui cambiamenti climatici (IPCC) ha riferito che i disastri legati al clima sono aumentati in modo significativo negli ultimi decenni, con una frequenza di eventi meteorologici estremi che dovrebbe aumentare man mano che le temperature globali continuano ad aumentare. Questa tendenza sottolinea ulteriormente l'importanza di identificare i rischi di catastrofi regionali e di adottare misure proattive per mitigarne gli effetti.

Valutazione delle vulnerabilità personali e comunitarie

La valutazione delle vulnerabilità ai disastri naturali è fondamentale affinché gli individui e le comunità possano prepararsi in modo efficace e mitigare i rischi. La vulnerabilità si riferisce al grado in cui un sistema, una popolazione o una risorsa è suscettibile agli effetti dannosi dei rischi naturali. Vari fattori, come le infrastrutture, le risorse economiche, le condizioni sanitarie e i rischi ambientali, determinano il livello di vulnerabilità nei diversi contesti. Comprendere questi elementi è essenziale per sviluppare strategie che riducano l'impatto dei disastri e migliorino la resilienza.

Le infrastrutture svolgono un ruolo fondamentale nel determinare quanto bene una comunità può resistere e riprendersi da un disastro naturale. Edifici, strade, ponti, sistemi idrici e reti di comunicazione devono essere progettati e mantenuti per resistere ai tipi di rischi comuni all'area. In molti casi, infrastrutture inadeguate o obsolete aumentano la vulnerabilità. Ad esempio, durante il terremoto di Haiti del 2010, la devastazione è stata aggravata dagli scadenti standard di costruzione e dalla mancanza di adeguate normative edilizie. Molte case e strutture non sono state in grado di resistere alle scosse, provocando distruzioni diffuse e perdite di vite umane. Al contrario, il Giappone, che è frequentemente colpito da terremoti, ha investito in infrastrutture antisismiche. Le norme edilizie richiedono che le strutture siano rinforzate, riducendo significativamente le vittime e i danni durante gli eventi sismici. La valutazione delle vulnerabilità delle infrastrutture implica l'ispezione delle condizioni fisiche degli edifici, la valutazione della conformità agli standard di sicurezza e la comprensione di come le infrastrutture sono distribuite in una regione.

Le risorse economiche influenzano in modo significativo la capacità di un individuo o di una comunità di prepararsi e riprendersi dai disastri. Le comunità più ricche generalmente hanno un maggiore accesso alle risorse finanziarie, alle assicurazioni e ai fondi di emergenza, che consentono loro di investire in misure di preparazione alle catastrofi e di riprendersi più rapidamente dopo un disastro. Al contrario, le popolazioni a basso reddito spesso non dispongono di queste risorse, il che le rende più vulnerabili. Ad esempio, durante l'uragano Katrina nel 2005, molti residenti a basso reddito di New Orleans furono colpiti in modo sproporzionato perché non avevano i mezzi finanziari per evacuare, trasferirsi o recuperare le loro case e i loro averi. La distruzione di case e attività commerciali ha ulteriormente aggravato le difficoltà economiche affrontate da queste comunità. La valutazione delle vulnerabilità economiche implica valutare l'accesso ai risparmi di emergenza, alla copertura assicurativa e alla resilienza economica complessiva di una comunità.

Le condizioni di salute all'interno di una comunità sono un altro fattore critico nel determinare la vulnerabilità ai disastri. Gli individui con condizioni di salute preesistenti, disabilità o accesso limitato all'assistenza sanitaria sono spesso maggiormente a rischio durante e dopo un disastro. Ad esempio, durante l'ondata di caldo del 2003 in Europa, che portò alla morte di oltre 70.000 persone, le popolazioni anziane e quelle con problemi di salute preesistenti erano particolarmente vulnerabili. Molti vivevano in case prive di adeguati sistemi di ventilazione o raffreddamento e l'accesso ai servizi sanitari era limitato a causa del sovraccarico delle strutture mediche. Le comunità con un numero elevato di individui vulnerabili devono garantire che i sistemi sanitari siano attrezzati per gestire l'aumento della domanda durante i disastri. Ciò include la valutazione dell'accesso agli ospedali, della disponibilità di forniture mediche e della disponibilità dei servizi medici di emergenza.

I rischi ambientali sono un'altra dimensione di vulnerabilità che gli individui e le comunità devono considerare. La posizione geografica, la topografia e il clima possono aumentare l'esposizione ai rischi naturali. Ad esempio, le comunità situate vicino alle coste sono maggiormente a rischio di uragani, tempeste e inondazioni, mentre quelle vicine alle faglie sono più suscettibili ai terremoti. Inoltre, il degrado ambientale, come la deforestazione, l'erosione del suolo e la perdita delle zone umide, possono esacerbare gli effetti dei disastri naturali. Nel caso del tifone Haiyan del 2013 nelle Filippine, la deforestazione e le cattive pratiche di gestione del territorio hanno contribuito alle frane e ad aumentare la gravità del disastro. Affrontando i rischi ambientali attraverso pratiche sostenibili, come la riforestazione, una migliore pianificazione dell'uso del territorio e la protezione delle barriere naturali, le comunità possono ridurre la propria vulnerabilità.

Anche la vulnerabilità sociale gioca un ruolo significativo nel rischio di disastri. I gruppi emarginati, comprese le minoranze, gli immigrati e coloro che vivono in insediamenti informali, sono spesso più vulnerabili agli effetti dei disastri. Queste popolazioni potrebbero avere un accesso limitato a informazioni, risorse e reti di supporto, rendendo più difficile l'evacuazione, la ricerca di rifugio o la ricezione di assistenza. Ad esempio, durante il terremoto del Sichuan del 2008 in Cina, molte comunità rurali e povere non hanno avuto un accesso adeguato ai servizi di emergenza, con conseguente aumento del tasso di vittime. Affrontare le vulnerabilità sociali implica migliorare i sistemi di comunicazione, garantire l'accesso alle risorse per tutti i membri della comunità e promuovere la coesione sociale in modo che le persone possano contare le une sulle altre durante le emergenze.

Le vulnerabilità non affrontate possono avere conseguenze devastanti. Le comunità che non riescono a riconoscere e ad affrontare le proprie debolezze vengono spesso colte impreparate quando si verificano disastri. Nel caso della siccità dell'Africa orientale del 2011, la mancanza di preparazione, combinata con l'instabilità socio-politica, ha provocato una grave carestia in

Somalia. La fragile economia del Paese, unita al conflitto prolungato e all'accesso limitato al cibo e all'acqua, ha reso vulnerabili milioni di persone. Gli aiuti internazionali hanno tardato a raggiungere le regioni colpite a causa delle violenze in corso, esacerbando la crisi. Questo esempio evidenzia come le vulnerabilità interconnesse – come l'instabilità politica, la povertà e il degrado ambientale – possano amplificare l'impatto dei disastri naturali.

Oltre alle infrastrutture, alle risorse economiche, alla salute e ai rischi ambientali, la governance e la capacità organizzativa delle comunità influenzano in modo significativo la loro vulnerabilità ai disastri. Istituzioni forti, piani di risposta efficaci alle catastrofi e una leadership chiara possono ridurre la vulnerabilità e migliorare la capacità di una comunità di rispondere alle emergenze. Cuba, ad esempio, è spesso citata come modello per la preparazione alle catastrofi, in particolare nella sua risposta agli uragani. Il governo ha investito molto nell'istruzione pubblica, nei sistemi di allarme rapido e nelle esercitazioni in caso di catastrofi, provocando meno vittime rispetto ai paesi vicini quando gli uragani colpiscono. Al contrario, i paesi con una governance debole, uno scarso coordinamento tra le agenzie e una pianificazione inadeguata spesso faticano a mitigare gli effetti dei disastri. La valutazione delle vulnerabilità legate alla governance implica l'analisi dell'efficacia dei piani di gestione delle catastrofi, della disponibilità di personale formato e del coordinamento tra agenzie locali, nazionali e internazionali.

Le comunità possono ridurre la propria vulnerabilità conducendo valutazioni di vulnerabilità che considerino questi vari fattori. Queste valutazioni in genere comportano l'identificazione di potenziali pericoli, la valutazione delle condizioni delle infrastrutture critiche, l'analisi del profilo socioeconomico della popolazione e la valutazione della resilienza complessiva della comunità. Inoltre, le valutazioni della vulnerabilità devono essere aggiornate regolarmente per tenere conto dei cambiamenti delle condizioni ambientali, dei cambiamenti demografici e dei progressi tecnologici. Identificando tempestivamente i punti deboli, le comunità possono attuare interventi mirati, come l'ammodernamento delle infrastrutture, il miglioramento dell'accesso all'assistenza sanitaria e il rafforzamento delle reti sociali, per ridurre la loro suscettibilità ai disastri.

Esempi di vita reale di comunità colpite da vulnerabilità non affrontate sottolineano l'importanza di misure proattive. Nel 2015, un potente terremoto ha colpito il Nepal, un paese caratterizzato da povertà diffusa, infrastrutture deboli e accesso limitato all'assistenza sanitaria. Il disastro ha causato oltre 9.000 vittime e centinaia di migliaia di sfollati. Molti edifici non sono stati costruiti per resistere ai terremoti e gli sforzi di risposta alle emergenze sono stati ostacolati da infrastrutture inadeguate e dalla mancanza di risorse. Al contrario, il Cile, che ha subito un grave terremoto e uno tsunami nel 2010, ha investito molto in infrastrutture antisismiche e in sistemi di risposta alle emergenze. Sebbene entrambi i paesi abbiano subito eventi sismici significativi, la preparazione del Cile ha contribuito a mitigare la perdita di vite umane e di proprietà, dimostrando come affrontare le vulnerabilità può portare a risultati migliori.

Affrontare le vulnerabilità ai disastri naturali richiede un approccio globale che integri miglioramenti delle infrastrutture, resilienza economica, accesso all'assistenza sanitaria, protezione ambientale e governance forte. Identificando e affrontando queste debolezze, gli individui e le comunità possono ridurre i rischi che devono affrontare e migliorare la loro capacità di riprendersi rapidamente quando si verificano disastri. Ignorare queste vulnerabilità non solo aumenta l'impatto immediato dei disastri, ma prolunga anche la ripresa e aggrava le conseguenze a lungo termine per le popolazioni colpite.

Preparazione di un piano di valutazione del rischio di catastrofe

La creazione di un piano di valutazione del rischio di catastrofe è essenziale per identificare potenziali pericoli, valutare la probabilità che si verifichino e determinare il loro possibile impatto su persone e proprietà. Questo processo aiuta gli individui e le comunità a dare priorità ai rischi e a sviluppare strategie per ridurre al minimo i danni e garantire una rapida ripresa. Un piano di valutazione del rischio efficace richiede un approccio metodico, che integri conoscenze locali, dati statistici e competenze professionali per guidare le misure di preparazione.

Il primo passo nello sviluppo di un piano di valutazione del rischio di catastrofe è identificare i pericoli specifici di un'area geografica. I pericoli possono variare ampiamente a seconda delle condizioni ambientali, del clima e della topografia della regione. Terremoti, inondazioni, incendi, uragani, tornado, frane e tsunami sono solo alcuni esempi di disastri naturali che potrebbero minacciare una comunità. La ricerca di documenti storici e la consultazione delle autorità locali di gestione dei disastri forniranno informazioni su quali tipi di pericoli si sono verificati in passato e sulla frequenza con cui si sono verificati. Combinando i dati locali con i dati scientifici, gli individui e le comunità possono stabilire una chiara comprensione della gamma di rischi a cui potrebbero andare incontro.

Dopo aver identificato i potenziali pericoli, il passo successivo è valutare la probabilità che si verifichi ciascun pericolo. La probabilità viene spesso calcolata analizzando modelli storici, dati climatici regionali e altri strumenti predittivi. Ad esempio, le aree soggette a inondazioni vicino a fiumi o coste potrebbero subire inondazioni stagionali, mentre le regioni a rischio sismico potrebbero avere linee di faglia ben documentate che indicano una maggiore probabilità di attività sismica. Le agenzie meteorologiche e le istituzioni geologiche nazionali o regionali in genere forniscono mappe, grafici e set di dati che possono essere utilizzati per valutare la frequenza del pericolo. Le mappe di rischio, come le mappe di pericolosità sismica per i terremoti o le mappe delle pianure alluvionali per potenziali inondazioni, possono aiutare a visualizzare le aree più vulnerabili a eventi specifici.

Una volta determinata la probabilità di un pericolo, il successivo componente critico è valutare il potenziale impatto su proprietà, infrastrutture e vite umane. Ciò comporta l'identificazione delle risorse e delle vulnerabilità chiave all'interno della comunità. Edifici, sistemi di trasporto, servizi pubblici e infrastrutture critiche, come ospedali e scuole, devono essere valutati per determinare la loro capacità di resistere a vari rischi. Ad esempio, se un'area è soggetta agli uragani, le strutture devono essere valutate per la loro resistenza al vento, mentre nelle zone sismiche, gli edifici devono essere esaminati per la loro resilienza sismica. Inoltre, la densità della popolazione e i fattori demografici – come l'età, la salute e lo stato socioeconomico – sono essenziali nel determinare la capacità della comunità di far fronte a un disastro. Le popolazioni anziane, le persone con disabilità e coloro che vivono in povertà possono aver bisogno di risorse e sostegno aggiuntivi durante un'emergenza, rendendoli più vulnerabili.

Un altro aspetto della valutazione del potenziale impatto riguarda la considerazione dei fattori ambientali. Le aree vicino a fiumi, laghi o zone costiere potrebbero essere più suscettibili alle inondazioni, mentre le regioni con terreni ripidi sono a rischio di frane. Anche i cambiamenti nell'uso del territorio, come la deforestazione o l'urbanizzazione, possono aumentare la probabilità e la gravità di alcuni disastri. Le comunità dovrebbero esaminare come le barriere naturali – come le zone umide, le foreste o le dune di sabbia – potrebbero proteggere dai pericoli e come la loro rimozione potrebbe esacerbare i rischi. Ad esempio, la distruzione delle foreste di mangrovie lungo le coste ha aumentato la vulnerabilità di molte comunità costiere alle mareggiate e agli tsunami.

Dopo aver valutato la probabilità e il potenziale impatto, il passo successivo è dare la priorità ai rischi. La definizione delle priorità dei rischi implica il confronto della probabilità e dell'impatto dei diversi pericoli per determinare quale rappresenta la minaccia maggiore. Questo processo può essere guidato da una matrice di rischio, uno strumento che aiuta a visualizzare la relazione tra frequenza del pericolo e impatto. La matrice del rischio è divisa in quadranti, dove un asse rappresenta la probabilità di un evento e l'altro la gravità delle sue conseguenze. Ad esempio, un evento altamente probabile con gravi conseguenze, come un'inondazione annuale in una città costiera, verrebbe inserito nel quadrante ad alto rischio, indicando che dovrebbe essere prioritario. Al contrario, un evento a bassa probabilità con conseguenze minori, come un raro tornado in una regione con infrastrutture minime, si classificherebbe più in basso.

Per perfezionare ulteriormente il processo di definizione delle priorità del rischio, è importante considerare gli effetti a cascata. Alcuni disastri innescano rischi secondari che possono aggravare il danno. Ad esempio, un terremoto potrebbe causare frane, tsunami o incendi a causa della rottura delle linee del gas. Identificare quali pericoli potrebbero potenzialmente aggravarsi aiuta le comunità a comprendere l'intera gamma delle possibili conseguenze e a stabilire di conseguenza la priorità delle misure di preparazione.

La fase successiva nella creazione di un piano di valutazione del rischio di catastrofe prevede lo sviluppo di strumenti pratici e modelli per guidare gli individui e le comunità attraverso il processo. Uno strumento efficace è una lista di controllo dei pericoli, che consente agli utenti di esaminare sistematicamente i potenziali pericoli nella loro zona, come terremoti, inondazioni o caldo estremo. La lista di controllo dovrebbe includere domande che spingano gli utenti a considerare fattori specifici, come la vicinanza della loro casa a corpi idrici o linee di faglia, l'integrità strutturale della loro proprietà e la disponibilità di servizi di emergenza.

Un modello di valutazione della vulnerabilità è un altro strumento prezioso che aiuta gli utenti a identificare i punti deboli nelle infrastrutture, nei sistemi sociali e nelle condizioni ambientali. Questo modello dovrebbe guidare gli utenti attraverso la valutazione di edifici, strade, ponti e altre strutture critiche, nonché la disponibilità di risorse come cibo, acqua, forniture mediche e sistemi di comunicazione. Dovrebbe includere anche domande sulle dinamiche della comunità, come l'ubicazione delle popolazioni vulnerabili, la presenza di reti di supporto sociale e il livello di impegno della comunità negli sforzi di preparazione alle catastrofi.

Un terzo strumento è la matrice di definizione delle priorità dei rischi, che può essere personalizzata per riflettere i rischi e le vulnerabilità specifici di una regione. Gli utenti dovrebbero tracciare ciascun pericolo identificato sulla matrice in base alla sua probabilità e al suo impatto, consentendo loro di dare priorità visiva ai rischi che richiedono attenzione immediata. Questa matrice aiuta le comunità ad allocare le risorse in modo più efficace, concentrandosi innanzitutto sulle aree a più alto rischio e considerando anche lo spettro più ampio di potenziali disastri.

Un'altra risorsa pratica è lo sviluppo di piani di risposta alle emergenze adeguati ai rischi più significativi. Ad esempio, se una regione è soggetta a incendi, il piano di risposta alle emergenze dovrebbe includere percorsi di evacuazione, luoghi di rifugio, protocolli di comunicazione e misure di prevenzione incendi. Allo stesso modo, nelle aree soggette a inondazioni, il piano dovrebbe includere strategie per rinforzare gli argini, evacuare i residenti e gestire le acque alluvionali. I governi locali e le organizzazioni comunitarie possono utilizzare modelli di risposta ai disastri per garantire che i loro piani siano completi e coordinati.

È importante aggiornare regolarmente il piano di valutazione del rischio di catastrofe e gli strumenti e i modelli che lo accompagnano. Man mano che le condizioni ambientali cambiano, potrebbero emergere nuovi rischi, mentre i pericoli esistenti potrebbero diventare più gravi. Le comunità dovrebbero inoltre rivedere i propri piani dopo ogni disastro per identificare le aree di miglioramento. Questo processo iterativo consente agli individui e alle organizzazioni di rimanere preparati ai pericoli futuri e di affinare le proprie strategie di gestione del rischio nel tempo.

Lo sviluppo di un piano di valutazione del rischio di catastrofe richiede la collaborazione tra più parti interessate. Le autorità locali, le imprese, le organizzazioni non governative e i residenti devono lavorare insieme per identificare i pericoli, valutare i rischi e creare strategie attuabili. Questo approccio collettivo garantisce che vengano prese in considerazione diverse prospettive e che il piano risponda alle esigenze specifiche dell'intera comunità.

Con gli strumenti, i dati e il coinvolgimento della comunità giusti, i piani di valutazione del rischio di catastrofe possono aiutare gli individui e le comunità a mitigare l'impatto dei pericoli, proteggere vite umane e proprietà e riprendersi più rapidamente dai disastri. Questi piani dovrebbero essere documenti viventi, regolarmente aggiornati e rivisti per garantire che rimangano pertinenti ed efficaci in un mondo in cambiamento.

Capitolo 2

COSTRUIRE UN KIT DI PREPARAZIONE AI DISASTRI

Articoli di sopravvivenza essenziali per ogni situazione

Un kit di preparazione alle catastrofi è una risorsa fondamentale che può sostenere individui e famiglie durante le emergenze. Garantisce l'accesso a beni di prima necessità come cibo, acqua, forniture mediche e strumenti essenziali. Capire cosa includere in un kit di questo tipo e come adattarlo a scenari specifici può migliorare significativamente le possibilità di sopravvivenza e recupero in seguito a un disastro. Ogni articolo del kit deve essere attentamente selezionato in base alla sua utilità, durata e capacità di soddisfare i bisogni di base per un periodo specificato.

L'elemento fondamentale di qualsiasi kit di sopravvivenza è il cibo. Le razioni di emergenza dovrebbero essere non deperibili, facili da preparare e ricche di calorie per fornire energia sufficiente. Prodotti in scatola, pasti disidratati e snack sottovuoto come le barrette energetiche sono scelte comuni. Questi alimenti hanno spesso una durata di conservazione prolungata, che dura diversi anni se conservati correttamente. Ad esempio, i pasti liofilizzati possono durare fino a 25 anni, rendendoli ideali per la preparazione a lungo termine. Quando si confezionano gli alimenti, è importante considerare sia le esigenze dietetiche che lo spazio di conservazione. Dovrebbe essere data priorità alle opzioni nutrizionali ricche di proteine e carboidrati, poiché questi macronutrienti forniscono energia sostenuta. Inoltre, gli individui dovrebbero tenere conto delle allergie, delle condizioni mediche e delle preferenze per garantire che tutti i membri della famiglia possano mangiare ciò che viene immagazzinato. Una buona regola pratica è avere cibo sufficiente per ogni persona almeno 72 ore.

L'acqua è il successivo componente essenziale, poiché è vitale sia per l'idratazione che per l'igiene. Ogni persona in una famiglia dovrebbe avere accesso ad almeno un litro d'acqua al giorno per bere, cucinare e per l'igiene di base. Conservare abbastanza acqua per un periodo prolungato può essere difficile, soprattutto per le famiglie numerose, quindi è importante utilizzare contenitori adeguati come bottiglie di plastica per alimenti o grandi brocche progettate per la conservazione a lungo termine. Per comodità, l'acqua in bottiglia disponibile in commercio può anche essere acquistata sfusa. Per le situazioni in cui l'accesso all'acqua pulita è incerto o viene compromesso, nel kit è necessario includere un sistema di filtraggio dell'acqua o compresse per la purificazione. Questi strumenti consentono alle persone di procurarsi l'acqua da corpi naturali come fiumi o laghi e renderla sicura per il consumo. Mentre i filtri rimuovono batteri e parassiti, le compresse di purificazione possono neutralizzare i microrganismi dannosi, rendendoli un'aggiunta vitale a qualsiasi piano di preparazione alle catastrofi.

Un kit di pronto soccorso ben fornito è un'altra parte indispensabile della preparazione alle catastrofi. Gli infortuni possono verificarsi durante e dopo i disastri, rendendo le forniture mediche cruciali per le cure immediate. Gli articoli di base dovrebbero includere bende adesive, garze, salviette antisettiche, pomate antibiotiche e farmaci da banco come antidolorifici, antistaminici e antiacidi. Inoltre, dovrebbero essere incluse forniture più avanzate come medicazioni sterili, cerotti medici, pinzette e forbici. Quelli con condizioni di salute croniche devono anche portare con sé i farmaci da prescrizione, assicurandosi che ne abbiano abbastanza per almeno una settimana. Altri articoli relativi alla salute come mascherine, guanti e disinfettanti per le mani sono particolarmente importanti in scenari in cui l'igiene è compromessa, riducendo il rischio di infezioni.

Per le persone con esigenze mediche specifiche, come i diabetici insulino-dipendenti o coloro che utilizzano inalatori, è fondamentale personalizzare il kit con le proprie scorte personali.

Gli strumenti multiuso sono vitali negli scenari di catastrofe perché forniscono versatilità ed efficienza. Un multiutensile durevole e di alta qualità dovrebbe far parte di ogni kit. Questi strumenti includono spesso coltelli, cacciaviti, pinze, tronchesi e apribottiglie, rendendoli utili per attività come tagliare materiali, riparare apparecchiature rotte o persino aprire lattine. Un buon coltello da sopravvivenza è importante anche per vari compiti come la preparazione del cibo, il taglio della corda o anche la costruzione di un riparo. Gli strumenti dovrebbero essere scelti per la loro affidabilità, facilità d'uso e capacità di eseguire molteplici funzioni, riducendo al minimo il numero di singoli strumenti necessari.

Oltre ai multiutensili, una torcia affidabile con batterie aggiuntive o un'opzione a manovella è essenziale per le situazioni in cui l'alimentazione non è disponibile. Le fonti di luce possono aiutare a navigare nelle aree buie, segnalare aiuto o fornire sicurezza quando la visibilità è limitata. Alcune torce sono dotate di radio o caricabatterie per telefono integrati, offrendo funzionalità aggiuntive senza aumentare l'ingombro. Una radio alimentata a batteria o a manovella è fondamentale per rimanere informati sulle trasmissioni di emergenza, sugli avvisi meteorologici o sulle istruzioni di evacuazione. Molti scenari catastrofici causano interruzioni di corrente, interrompendo l'accesso a notizie e aggiornamenti, quindi avere una radio garantisce l'accesso a informazioni importanti.

Riparo e calore sono spesso trascurati ma sono cruciali nelle situazioni di sopravvivenza. Le emergenze possono costringere le persone a evacuare le proprie case e cercare un rifugio temporaneo, spesso all'aperto. Le coperte di emergenza compatte e leggere realizzate in materiale riflettente possono trattenere il calore corporeo e prevenire l'ipotermia. Se necessario, è possibile utilizzare una tenda o un telo, accoppiati con una corda o un paracord, per creare un riparo improvvisato. Per i climi più freddi, portare strati aggiuntivi di indumenti, calze termiche e guanti aiuta a mantenere il calore. Gli articoli che forniscono calore e protezione dovrebbero essere durevoli e progettati per un uso intenso.

Quando si prepara un kit di preparazione alle catastrofi, gli strumenti di comunicazione non possono essere ignorati. I telefoni cellulari e i caricabatterie sono essenziali, ma è importante ricordare che in alcune emergenze le reti cellulari potrebbero non funzionare. L'inclusione di un power bank portatile o di un caricabatterie solare garantisce che i dispositivi critici possano rimanere operativi anche quando le fonti di alimentazione tradizionali non sono disponibili. Per famiglie o gruppi, i walkie-talkie possono offrire un modo per rimanere in contatto se separati, soprattutto quando le reti di comunicazione tradizionali non funzionano.

Un altro elemento chiave da includere è la documentazione personale. Copie di documenti d'identità, cartelle cliniche, polizze assicurative e contatti di emergenza devono essere conservate in un contenitore impermeabile per proteggerle da eventuali danni. Avere questi documenti a portata di mano accelera i processi di recupero come la richiesta di aiuto, la prova dell'identità o il contatto con i familiari. I backup digitali di questi documenti, archiviati su un'unità USB, forniscono un ulteriore livello di sicurezza nel caso in cui le copie fisiche vengano perse o distrutte.

Le forniture igienico-sanitarie sono fondamentali anche per il mantenimento della salute durante le emergenze prolungate. Toilette portatili, sacchi per rifiuti e disinfettanti possono prevenire la diffusione di malattie in ambienti in cui i sistemi fognari sono compromessi. Articoli per l'igiene di base come sapone, spazzolini da denti, dentifricio e prodotti per l'igiene femminile dovrebbero far parte del kit per garantire la pulizia. Nelle situazioni in cui l'acqua corrente non è disponibile, le salviette disinfettanti e i disinfettanti per le mani offrono un'alternativa pratica.

Infine, è importante rivedere e aggiornare periodicamente il contenuto del kit di preparazione alle catastrofi. Alcuni articoli, in particolare cibo, acqua e farmaci, hanno una durata di conservazione limitata. Le date di scadenza dovrebbero essere controllate regolarmente per garantire che le forniture rimangano utilizzabili quando necessario. Inoltre, man mano che le famiglie crescono o le esigenze personali cambiano, il kit dovrebbe essere aggiornato per riflettere questi aggiustamenti. La preparazione alle emergenze è un processo continuo e il mantenimento regolare delle scorte di sopravvivenza garantisce che il kit rimanga pertinente ed efficace.

La preparazione non riguarda solo la semplice sopravvivenza; si tratta di garantire un livello di sicurezza e comfort durante un periodo di incertezza. Selezionando e conservando attentamente gli elementi essenziali per la sopravvivenza, gli individui e le comunità possono aumentare le loro possibilità di rimanere protetti e al sicuro quando si verifica un disastro.

Conservazione di cibo e acqua: cosa ti serve

Lo stoccaggio efficace di cibo e acqua per la preparazione alle catastrofi a lungo termine è essenziale per garantire il sostentamento e l'idratazione durante lunghi periodi di crisi. Una corretta pianificazione, combinata con la comprensione della durata di conservazione e delle tecniche di conservazione, può migliorare significativamente la resilienza di una famiglia in caso di emergenza. È necessario considerare diversi fattori, tra cui il tipo di cibo e acqua da conservare, la modalità di rotazione delle forniture e il calcolo della quantità necessaria in base alle dimensioni del nucleo familiare e alla durata prevista dell'interruzione.

La conservazione degli alimenti a lungo termine dovrebbe concentrarsi su articoli non deperibili con una durata di conservazione prolungata. Alimenti come riso, fagioli, pasta e avena possono essere conservati per anni se conservati in condizioni fresche e asciutte. Anche i prodotti in scatola, come verdure, frutta e carne, offrono stabilità a lungo termine, con una durata compresa tra due e cinque anni se conservati correttamente. Gli alimenti disidratati o liofilizzati sono tra le scelte migliori per la conservazione a lungo termine, poiché possono durare fino a 25 anni. Questi includono alimenti come frutta liofilizzata, verdura e pasti pronti che richiedono solo acqua per ricostituirsi. L'imballaggio svolge un ruolo significativo nel prolungare la durata di conservazione, quindi gli alimenti conservati in contenitori ermetici, sacchetti sottovuoto o sacchetti Mylar con assorbitori di ossigeno sono ideali per preservare la freschezza e prevenire il deterioramento.

Il fabbisogno calorico varia da individuo a individuo, ma un adulto medio necessita di circa 2.000-2.500 calorie al giorno per mantenere i livelli di energia. Quando si pianifica la conservazione degli alimenti, è fondamentale tenere conto del fabbisogno calorico di ciascun membro della famiglia e garantire che vi sia una varietà sufficiente di alimenti per prevenire la "stanchezza alimentare", una condizione in cui la mancanza di varietà riduce l'appetito. Ad esempio, una famiglia di quattro persone avrebbe bisogno di un minimo di 8.000-10.000 calorie al giorno. In base alla durata delle potenziali emergenze, si consiglia di conservare cibo sufficiente per un minimo di due settimane, ma prepararsi fino a sei mesi o più è l'ideale per scenari a lungo termine.

La rotazione delle scorte è fondamentale per mantenere una fornitura fresca di cibo. Il principio "first in, first out" (FIFO) garantisce che gli articoli più vecchi vengano consumati per primi, impedendone la scadenza.

Questo sistema prevede l'utilizzo coerente degli alimenti conservati nei pasti quotidiani e la sostituzione di ciò che viene utilizzato. Organizzare l'area di stoccaggio per data e posizionare gli articoli appena acquistati dietro quelli più vecchi semplifica questo processo. È anche utile mantenere un registro o un sistema di inventario che tenga traccia delle date di scadenza e dei tassi di consumo. Ciò non solo previene gli sprechi, ma garantisce anche che il cibo rimanga commestibile e nutriente.

Lo stoccaggio dell'acqua è altrettanto importante, poiché l'accesso all'acqua potabile pulita viene spesso interrotto durante i disastri. L'adulto medio ha bisogno di almeno un litro d'acqua al giorno per bere e per l'igiene di base. Per una preparazione a lungo termine, ogni membro della famiglia dovrebbe avere accesso a una fornitura d'acqua minima per due settimane, anche se quantità maggiori sono preferibili in caso di emergenze estese. Ad esempio, una famiglia di quattro persone avrebbe bisogno di almeno 56 litri d'acqua per un periodo di due settimane.

I metodi di stoccaggio dell'acqua variano, ma è essenziale utilizzare contenitori appositamente progettati per lo stoccaggio dell'acqua a lungo termine. I contenitori di plastica per alimenti, come i grandi barili d'acqua, sono comunemente usati perché prevengono la contaminazione. L'acqua in bottiglia più piccola, disponibile in commercio, può anche essere conservata in aree fresche e buie per mantenerne la qualità. Per le famiglie con spazio di archiviazione limitato, i sistemi di filtraggio dell'acqua o le compresse per la purificazione dell'acqua offrono alternative. Questi sistemi consentono alle persone di purificare l'acqua da fonti naturali, come laghi o fiumi, rendendola sicura per il consumo. I sistemi di filtrazione in genere rimuovono sedimenti e microrganismi dannosi, mentre le compresse di purificazione neutralizzano batteri e virus.

Per garantire che l'acqua rimanga potabile durante lo stoccaggio, è importante ruotare regolarmente le forniture. L'acqua in bottiglia commercialmente ha generalmente una durata di uno o due anni, mentre l'acqua conservata in contenitori più grandi può durare più a lungo se trattata con conservanti dell'acqua o prodotti chimici per la purificazione. È fondamentale controllare regolarmente eventuali segni di contaminazione o cambiamenti nella qualità dell'acqua, come torbidità o cattivi odori. Se viene conservata acqua non trattata, deve essere filtrata o bollita prima del consumo per evitare malattie trasmesse dall'acqua.

La temperatura e le condizioni di conservazione sono fattori significativi nel mantenimento delle riserve di cibo e acqua. Il cibo deve essere conservato in un luogo fresco e asciutto, poiché il calore e l'umidità accelerano il deterioramento e degradano il valore nutrizionale. Idealmente, le aree di conservazione degli alimenti dovrebbero rimanere al di sotto dei 21°C (70°F) per massimizzare la durata di conservazione. Anche l'acqua dovrebbe essere conservata in luoghi freschi e bui per prevenire la crescita di alghe o batteri. Evitare di conservare i contenitori dell'acqua in aree esposte alla luce solare diretta, poiché i raggi UV possono degradare la plastica e ridurre la qualità dell'acqua nel tempo.

Per le famiglie con spazio limitato, massimizzare l'efficienza dello stoccaggio è fondamentale. Sigillare gli alimenti nei sacchetti sottovuoto riduce la quantità di spazio necessario, poiché rimuove l'aria in eccesso e consente di confezionare gli alimenti in modo più stretto. I sacchetti in Mylar, abbinati agli assorbitori di ossigeno, possono conservare alimenti secchi in confezioni compatte e di lunga durata. Allo stesso modo, lo stoccaggio dell'acqua può essere ottimizzato utilizzando contenitori pieghevoli o impilando barili d'acqua. Prepararsi per le emergenze a lungo termine spesso richiede soluzioni creative, come l'utilizzo di spazi inutilizzati come sotto i letti o negli armadi per conservare cibo e acqua.

L'importanza della diversificazione nella conservazione degli alimenti non può essere sopravvalutata. Affidarsi esclusivamente a un tipo di cibo può portare a carenze nutrizionali e abbassare il morale durante le emergenze prolungate. Un piano di conservazione alimentare equilibrato dovrebbe includere carboidrati, proteine, grassi, vitamine e minerali. Gli alimenti di base come riso, fagioli e cereali forniscono carboidrati e proteine, mentre le carni in scatola o liofilizzate offrono una fonte di proteine e grassi. Includere latte in polvere, frutta in scatola e multivitaminici può aiutare a garantire una dieta equilibrata durante i disastri prolungati.

È anche importante considerare le esigenze specifiche dei membri della famiglia quando si pianifica la conservazione di cibo e acqua. I neonati, gli anziani e le persone con patologie possono avere esigenze dietetiche uniche. Ad esempio, le famiglie con bambini piccoli dovrebbero conservare il latte artificiale, mentre quelle con membri che soffrono di allergie alimentari dovrebbero assicurarsi di avere alternative prive di allergeni. Allo stesso modo, coloro che assumono farmaci che richiedono l'assunzione di acqua o hanno particolari esigenze di salute devono tenere conto di questi fattori sia nei loro piani di conservazione del cibo che dell'acqua.

La preparazione richiede non solo l'accumulo di scorte, ma anche la conoscenza e la disponibilità a utilizzare gli articoli immagazzinati in modo efficace. È consigliabile testare periodicamente le riserve idriche immagazzinate, utilizzare gli alimenti per assicurarsi che soddisfino le preferenze dietetiche e praticare la purificazione dell'acqua o la cottura con il cibo immagazzinato in condizioni di emergenza. Questo approccio proattivo previene sorprese durante un vero disastro quando le risorse e il tempo possono essere limitati.

In conclusione, un'efficace conservazione a lungo termine di cibo e acqua dipende da un'attenta selezione di prodotti non deperibili e ricchi di sostanze nutritive, da una corretta rotazione e da pratiche di conservazione sicure. Calcolando i bisogni dei membri della famiglia in base al fabbisogno calorico e idrico, diversificando i beni immagazzinati e garantendo un sistema regolare di rotazione delle scorte, gli individui possono essere meglio preparati ad affrontare qualsiasi disastro che potrebbe capitare loro.

Forniture sanitarie e igieniche per l'emergenza

Le forniture sanitarie e igieniche svolgono un ruolo essenziale in qualsiasi kit di preparazione alle catastrofi, poiché aiutano a mantenere il benessere e a prevenire la diffusione di malattie durante le emergenze estese. Un kit ben preparato dovrebbe includere forniture di pronto soccorso, prodotti per l'igiene personale e strumenti igienico-sanitari, ciascuno su misura per soddisfare le esigenze specifiche dei singoli individui della famiglia. Questi articoli sono fondamentali non solo per curare gli infortuni ma anche per garantire il mantenimento dell'igiene quotidiana, anche quando l'accesso alle normali strutture è limitato. Seguendo le recenti linee guida sulla sanità pubblica, queste forniture devono essere regolarmente aggiornate per riflettere l'evoluzione dei rischi, come quelli legati alle pandemie o ad altre crisi sanitarie diffuse.

Le forniture di primo soccorso costituiscono la spina dorsale di qualsiasi kit sanitario, fornendo i mezzi per gestire lesioni e disturbi minori che possono verificarsi durante un disastro. Un kit di pronto soccorso completo dovrebbe includere bende adesive di varie dimensioni, garze sterili, salviette antisettiche e nastro adesivo per trattare tagli e graffi. Per le ferite più gravi, articoli come chiusure a farfalla, medicazioni sterili e cerotti medici sono essenziali per fermare l'emorragia e ridurre il rischio di infezione. Gli antisettici, come il perossido di idrogeno o i tamponi imbevuti di alcol, possono aiutare a pulire le ferite, mentre gli unguenti antibiotici prevengono le infezioni. Gli antidolorifici, come l'ibuprofene o il paracetamolo, possono gestire il dolore, la febbre e l'infiammazione, mentre i farmaci da banco per allergie, diarrea e disturbi digestivi dovrebbero essere inclusi per le condizioni comuni che possono insorgere.

Oltre a curare le lesioni, è fondamentale disporre di strumenti di base come pinzette per rimuovere i detriti, forbici per tagliare bende o indumenti e un termometro digitale per monitorare la febbre. I guanti, preferibilmente non in lattice, aiutano a proteggere dalla contaminazione, mentre le maschere facciali possono fornire una barriera contro le particelle sospese nell'aria, soprattutto in situazioni in cui l'assistenza medica può essere ritardata o sovraccarica. A seconda della famiglia, dovrebbero essere imballati anche articoli specifici come farmaci da prescrizione, inalatori e iniettori di epinefrina per soddisfare le esigenze di salute individuali.

Oltre agli articoli essenziali di primo soccorso, sono necessari prodotti per l'igiene personale per mantenere la pulizia e prevenire le malattie, in particolare durante le emergenze prolungate quando l'accesso all'acqua corrente può essere interrotto. Sapone, disinfettante per le mani con almeno il 60% di alcol e salviette disinfettanti sono fondamentali per mantenere l'igiene delle mani, soprattutto quando le persone si trovano in spazi ristretti o non hanno accesso all'acqua. Dentifricio, spazzolini da denti e filo interdentale dovrebbero essere inclusi per garantire l'igiene orale, che può deteriorarsi rapidamente se trascurata. Deodoranti e salviette umide aiutano le persone a mantenere una pulizia di base anche in condizioni difficili.

Per le donne, i prodotti per l'igiene mestruale, come assorbenti o tamponi, dovrebbero far parte del kit e si dovrebbe prendere in considerazione alternative riutilizzabili come le coppette mestruali se l'accesso alle strutture di smaltimento può essere limitato. Le salviette per neonati o le salviette detergenti personali offrono una soluzione efficace per mantenere la pulizia del corpo quando le docce non sono disponibili. Inoltre, avere a disposizione set di ricambio di oggetti personali, come biancheria intima o calzini, può aiutare a ridurre il disagio e a mantenere gli standard igienici durante le emergenze prolungate.

Gli strumenti igienico-sanitari sono altrettanto cruciali in un kit di preparazione alle catastrofi, poiché aiutano ad affrontare la gestione dei rifiuti e a prevenire la diffusione di batteri e virus. I servizi igienici portatili, o almeno i sacchi per la spazzatura pesanti e i rivestimenti di plastica, consentono alle persone di gestire i rifiuti quando i servizi igienici tradizionali non sono disponibili. Una fornitura di carta igienica e guanti monouso garantisce che i bisogni igienico-sanitari di base siano soddisfatti, mentre candeggina o compresse per la purificazione dell'acqua possono essere utilizzate per disinfettare le superfici o purificare l'acqua, prevenendo la diffusione di malattie. Anche secchi o contenitori per lo smaltimento dei rifiuti possono essere preziosi per mantenere l'igiene e prevenire la contaminazione.

Le recenti linee guida sulla sanità pubblica sottolineano l'importanza della prevenzione delle infezioni in situazioni di emergenza. Durante le pandemie o le epidemie, articoli come mascherine, guanti e disinfettanti per le mani diventano ancora più fondamentali per prevenire la diffusione della malattia. Dovrebbero essere incluse maschere N95 o maschere in tessuto di alta qualità per proteggere dalle particelle sospese nell'aria in aree affollate o scarsamente ventilate. Gli spray o le salviette disinfettanti che soddisfano gli standard EPA per l'uccisione dei virus, compresi quelli come COVID-19, sono essenziali per pulire le superfici che potrebbero ospitare agenti patogeni.

Oltre a queste nozioni di base, le famiglie dovrebbero anche considerare gli elementi per gestire le condizioni di salute croniche. Per le persone con diabete, i kit per il test del glucosio e una fornitura di insulina sono vitali. Quelli con problemi respiratori dovrebbero assicurarsi di avere inalatori o nebulizzatori, mentre le persone con problemi di mobilità potrebbero aver bisogno di forniture aggiuntive, come sedie a rotelle o deambulatori aggiuntivi, per rimanere sicuri e funzionali durante un'emergenza. Dovrebbero far parte del kit anche le informazioni sui contatti di emergenza di medici o farmacie, nel caso in cui siano necessarie assistenza o ricariche di prescrizioni.

Un altro aspetto del mantenimento della salute durante i disastri riguarda il benessere mentale ed emotivo delle persone colpite. I disastri possono essere traumatici e gli strumenti per la salute mentale non dovrebbero essere trascurati. Semplici aggiunte come sonniferi da banco, farmaci per alleviare l'ansia o persino articoli di conforto come libri o giochi possono aiutare le persone a gestire lo stress durante una crisi prolungata. Un taccuino e una penna possono servire sia a scopi pratici che di salute mentale consentendo alle persone di documentare eventi, creare piani di emergenza o impegnarsi nel tenere un diario come meccanismo di coping.

La purificazione dell'acqua è una considerazione importante nel mantenimento dell'igiene e della salute. L'accesso all'acqua potabile pulita viene spesso interrotto durante i disastri naturali e l'acqua contaminata può portare a epidemie di malattie come il colera o la dissenteria. Per garantire l'accesso all'acqua potabile sicura sono necessari compresse per la purificazione dell'acqua, filtri o sistemi portatili di filtrazione dell'acqua. L'ebollizione dell'acqua, sebbene efficace, non è sempre fattibile, quindi disporre di strumenti per la purificazione chimica o meccanica garantisce che una famiglia abbia un accesso costante all'acqua pulita.

L'importanza di mantenere questi kit non può essere sopravvalutata. Le linee guida sulla sanità pubblica raccomandano di controllare i kit di preparazione alle catastrofi almeno due volte l'anno per garantire che le forniture siano aggiornate e ancora funzionanti. Si dovrebbe controllare la data di scadenza dei farmaci e le scorte di cibo e acqua dovrebbero essere ruotate secondo necessità. In risposta ai rischi emergenti per la salute, come nuovi ceppi virali o cambiamenti ambientali, potrebbe essere necessario aggiornare i kit con elementi o strumenti aggiuntivi per riflettere le nuove raccomandazioni.

L'efficacia di questi materiali igienico-sanitari dipende non solo dal possederli ma anche dal saperli utilizzare. Le famiglie dovrebbero rivedere regolarmente i propri kit, esercitarsi nell'uso di oggetti non familiari e assicurarsi che tutti i membri della famiglia siano consapevoli del contenuto e della posizione del kit. Le esercitazioni comunitarie in caso di calamità o i piani di preparazione personali della famiglia possono includere una revisione di come utilizzare gli strumenti di primo soccorso, disinfettare le superfici o purificare l'acqua in caso di emergenza. Preparandosi in anticipo, le famiglie possono mitigare gli effetti dei disastri sulla salute e sull'igiene e aumentare le loro possibilità di mantenere il benessere durante le emergenze estese.

Avere un kit di preparazione alle catastrofi aggiornato e ben fornito che includa forniture di primo soccorso, igiene e servizi igienico-sanitari può ridurre significativamente i rischi per la salute e migliorare la capacità di una famiglia di gestire gli impatti di un disastro. Il rispetto delle attuali linee guida sulla salute pubblica e l'aggiornamento regolare del kit garantisce la prontezza di fronte alle mutevoli minacce, proteggendo sia la salute fisica che quella mentale durante le crisi prolungate.

Capitolo 3

CREARE UN PIANO DI EMERGENZA

Sviluppare un piano di comunicazione familiare

La creazione di un piano di comunicazione familiare per i disastri naturali è fondamentale per garantire che tutti i membri rimangano in contatto durante le emergenze, anche se i normali canali di comunicazione vengono interrotti. Una comunicazione efficace durante un disastro può fare la differenza tra la vita e la morte, aiutando le famiglie a coordinare i propri movimenti, trasmettere informazioni importanti e cercare aiuto quando necessario. Un piano di comunicazione ben strutturato dovrebbe affrontare i metodi di comunicazione primari e secondari, designare i contatti di emergenza e incorporare l'uso di strumenti moderni come i social media e le reti di emergenza. Il piano dovrebbe essere regolarmente rivisto e testato per garantire che sia funzionale quando si verifica un disastro.

Il fondamento di qualsiasi piano di comunicazione è stabilire metodi primari di contatto. Questi includono i modi più affidabili con cui i membri della famiglia possono contattarsi, come telefonate, messaggi di testo o e-mail. Sebbene i telefoni cellulari siano in genere la prima opzione per la maggior parte delle famiglie, i disastri spesso danneggiano le infrastrutture o travolgono le reti cellulari, rendendole inaffidabili. È importante sapere che i messaggi di testo solitamente arrivano più facilmente delle chiamate telefoniche, poiché utilizzano meno larghezza di banda. I familiari dovrebbero essere istruiti a inviare testi brevi e concisi che includano la loro posizione e i bisogni immediati, consentendo alle reti di gestire le informazioni in modo più efficiente. In alcuni casi, le linee fisse possono essere più affidabili dei telefoni cellulari, in particolare nelle aree in cui le reti mobili sono più vulnerabili alle interruzioni.

I metodi di comunicazione secondaria diventano cruciali quando le opzioni primarie non sono disponibili. Ad esempio, i membri della famiglia dovrebbero avere familiarità con l'uso di radio ricetrasmittenti, walkie-talkie o, se necessario, anche di telefoni satellitari. Questi dispositivi non si basano sulle reti cellulari tradizionali, il che li rende particolarmente utili durante le interruzioni di corrente o nelle aree rurali con copertura limitata. Le famiglie possono prendere in considerazione l'acquisto di radio alimentate a batteria o caricabatterie a energia solare per mantenere questi dispositivi funzionanti durante le emergenze prolungate. È essenziale esercitarsi regolarmente nell'uso di questi strumenti, assicurandosi che tutti i membri comprendano come utilizzarli in modo efficace sotto pressione.

La designazione dei contatti di emergenza al di fuori del nucleo familiare è un'altra componente fondamentale del piano di comunicazione. Questi contatti dovrebbero idealmente essere localizzati in un'area geografica diversa, poiché potrebbero essere meno colpiti dal disastro e quindi in grado di assistere negli sforzi di coordinamento. Ogni membro della famiglia dovrebbe sapere come contattare queste persone e il contatto di emergenza dovrebbe essere informato del loro ruolo nel piano. Questa persona può fungere da punto di ritrovo per le informazioni, ricevendo aggiornamenti da un membro della famiglia e trasmettendoli ad altri che potrebbero avere opzioni di comunicazione limitate.

Oltre ai metodi di comunicazione primari e secondari, l'integrazione delle piattaforme di social media nel piano di comunicazione può fornire un ulteriore livello di connettività. Durante i disastri, piattaforme come Facebook, Twitter o WhatsApp consentono alle persone di condividere il proprio stato con un pubblico più ampio, inclusi amici, familiari e soccorritori. Molte di queste piattaforme dispongono di funzionalità di "controllo di sicurezza", che consentono agli utenti di contrassegnarsi come sicuri durante i principali eventi, avvisando automaticamente la propria rete. Tuttavia, è importante rimanere cauti riguardo alle informazioni condivise sulle piattaforme pubbliche per evitare di divulgare dettagli personali o luoghi che potrebbero compromettere la sicurezza. L'abilitazione delle impostazioni sulla privacy garantisce che solo le persone fidate possano visualizzare gli aggiornamenti condivisi.

Anche i sistemi e le reti di allarme di emergenza svolgono un ruolo vitale nei piani di comunicazione familiare. Questi sistemi forniscono informazioni tempestive sullo stato del disastro e istruzioni governative per l'evacuazione o il rifugio sul posto. Le famiglie dovrebbero iscriversi ai sistemi di allerta locali e nazionali, come quelli offerti dalla Federal Emergency Management Agency (FEMA) negli Stati Uniti, o altri equivalenti regionali, per ricevere notifiche via SMS o via e-mail durante un disastro. Anche le reti radio come la National Oceanic and Atmospheric Administration (NOAA) forniscono aggiornamenti continui sulle condizioni meteorologiche e di emergenza, rendendole una risorsa preziosa quando le reti cellulari non funzionano. È utile avere una radio di emergenza alimentata a batteria o a manovella come parte del kit di comunicazione per garantire l'accesso alle informazioni in tempo reale.

Per garantire che il piano di comunicazione sia efficace, è importante stabilire un protocollo chiaro su come i membri della famiglia si metteranno in contatto tra loro durante un disastro. Ad esempio, il piano dovrebbe specificare chi avvierà la comunicazione, se a tutti i membri è richiesto di effettuare il check-in a intervalli specifici e come gestire le situazioni in cui qualcuno è irraggiungibile. Il piano può includere punti di incontro predeterminati se i membri della famiglia vengono separati o evacuati dalle loro case. Questi luoghi dovrebbero essere sicuri, facilmente riconoscibili e concordati in anticipo. Avere sia un punto di incontro vicino che uno più lontano, in caso di evacuazioni su larga scala, garantisce flessibilità a seconda della gravità del disastro.

Affinché il piano di comunicazione rimanga funzionale, deve essere aggiornato regolarmente per riflettere eventuali cambiamenti nella tecnologia, nelle circostanze familiari o nei rischi di catastrofe. I numeri di telefono, i contatti di emergenza e l'accesso ai dispositivi possono cambiare, quindi sono essenziali revisioni periodiche. Almeno due volte l'anno, le famiglie dovrebbero rivedere il piano, aggiornando eventuali informazioni obsolete e assicurandosi che tutti i membri ne siano a conoscenza. Inoltre, testare il piano conducendo esercitazioni finte aiuta a identificare potenziali punti deboli e garantisce che tutti conoscano il proprio ruolo durante un'emergenza. Queste esercitazioni possono includere esercitazioni su come inviare messaggi di emergenza, testare le radio o impostare un programma di check-in designato per rafforzare la preparazione.

Un aspetto essenziale del piano di comunicazione è garantire che ogni membro della famiglia, indipendentemente dall'età o dalla competenza tecnologica, sappia come eseguirlo. Ai bambini dovrebbe essere insegnato come utilizzare gli strumenti di comunicazione della famiglia e a conoscere le informazioni chiave come i numeri di telefono e i dettagli dei contatti di emergenza. Per le famiglie con membri anziani, potrebbe essere necessario fare considerazioni speciali riguardo alla loro capacità di utilizzare determinati dispositivi o rimanere in contatto durante un'emergenza. Ausili visivi, come carte laminate con istruzioni chiave, possono essere distribuiti a tutti i membri per fungere da riferimento rapido in situazioni di stress.

L'importanza dei test non può essere sopravvalutata. Quando i metodi di comunicazione non vengono testati regolarmente, le famiglie rischiano di affrontare inutili ritardi o confusione durante i momenti critici. È importante impostare un programma coerente per rivedere il piano di comunicazione, apportare aggiornamenti ed esercitarsi utilizzando tutti i metodi delineati. Fare pratica in diversi scenari, ad esempio quando qualcuno è lontano da casa o quando manca la corrente, garantisce che il piano sia sufficientemente solido da coprire varie circostanze di disastro.

Oltre a queste misure tecniche, i piani di comunicazione dovrebbero anche enfatizzare il supporto emotivo durante le emergenze. I disastri naturali sono altamente stressanti e avere procedure di comunicazione stabilite può ridurre l'ansia e fornire rassicurazione. Le famiglie dovrebbero sapere come comunicare non solo informazioni critiche ma anche offrire incoraggiamento e conforto emotivo durante i periodi incerti. Mantenere il contatto, anche se breve, aiuta a ridurre la paura e l'incertezza, favorendo un senso di connessione e sicurezza in mezzo al caos.

Stabilendo chiari metodi di comunicazione primaria e secondaria, designando i contatti di emergenza e incorporando strumenti moderni come i social media e i sistemi di allarme di emergenza, le famiglie possono garantire di rimanere in contatto durante i disastri naturali. Aggiornamenti e test regolari del piano di comunicazione garantiscono che rimanga efficace, mentre il coinvolgimento di tutti i membri della famiglia nel suo sviluppo garantisce che tutti siano preparati a rispondere con calma ed efficienza.

Stabilire percorsi di evacuazione e punti di incontro

Identificare e pianificare percorsi di evacuazione e punti di incontro di emergenza sono elementi critici della preparazione alle catastrofi. Avere un piano di evacuazione ben studiato aiuta a garantire che tutti gli individui sappiano come mettersi rapidamente in salvo e riduce la confusione durante un disastro. La pianificazione di questi percorsi implica la presa in considerazione di vari scenari, come diversi tipi di disastri, la disponibilità di trasporti e il potenziale impatto su infrastrutture come strade e ponti. La capacità di agire rapidamente può fare la differenza tra sfuggire al pericolo ed essere coinvolti in una situazione pericolosa.

Il primo passo nella creazione di un piano di evacuazione è determinare gli scenari di disastro più probabili per l'area, poiché ciò influenzerà i percorsi e i punti di incontro. Ad esempio, una regione soggetta a incendi richiederà una strategia diversa rispetto a una regione a rischio di inondazioni o uragani. Una volta identificate le potenziali minacce, è necessario mappare i percorsi dai luoghi comunemente frequentati come casa, scuola e lavoro. Questi percorsi dovrebbero portare a luoghi di incontro sicuri e predeterminati, come la casa di un membro della famiglia designato, un centro comunitario o un altro luogo sicuro. È importante scegliere luoghi facilmente accessibili e che offrano protezione dal disastro previsto.

I percorsi di evacuazione sicuri devono tenere conto dei rischi specifici posti dai diversi disastri. In caso di inondazioni, è essenziale evitare le zone basse soggette all'accumulo di acqua, come le rive dei fiumi o le strade con sistemi di drenaggio inadeguati. I piani di evacuazione in caso di inondazioni dovrebbero enfatizzare lo spostamento su terreni più elevati, con veicoli o a piedi, a seconda dell'entità dell'inondazione. Le strade comunemente sommerse o che costeggiano corpi d'acqua dovrebbero essere escluse dal piano. Allo stesso modo, durante gli uragani, i percorsi dovrebbero essere pianificati per evitare i ponti che potrebbero diventare impraticabili a causa di forti venti o mareggiate. In alcuni casi, potrebbe essere più sicuro rifugiarsi sul posto se l'evacuazione esponesse le persone a un pericolo maggiore.

Gli incendi presentano una serie di sfide diverse, poiché possono diffondersi rapidamente e cambiare direzione in modo imprevedibile. I percorsi di evacuazione dovrebbero dare la priorità alle strade che hanno meno probabilità di essere inghiottite dalle fiamme, evitando aree densamente boscose o quelle con fitta vegetazione.

L'evacuazione anticipata è particolarmente cruciale nelle aree a rischio di incendi, poiché più a lungo le persone aspettano, maggiore è il rischio di incontrare fumo, detriti e strade chiuse. È anche importante pianificare più percorsi, poiché gli incendi potrebbero bloccare le strade principali o costringere a deviazioni dell'ultimo minuto. Conoscere percorsi alternativi garantisce che, anche se il percorso principale viene compromesso, le persone possano comunque evacuare in sicurezza.

I terremoti rappresentano un'altra sfida, poiché possono causare danni strutturali significativi a strade ed edifici, rendendo alcuni percorsi impraticabili. Quando si pianificano i percorsi di evacuazione in aree a rischio sismico, è essenziale concentrarsi su strade che hanno meno probabilità di essere bloccate dai detriti di edifici o ponti crollati. Inoltre, è importante evitare le aree vicine a gasdotti, centrali elettriche o impianti di stoccaggio di prodotti chimici, poiché potrebbero diventare pericolose a seguito di un terremoto. Poiché possono verificarsi scosse di assestamento, è necessario continuare a monitorare le condizioni ed essere pronti a cambiare rotta.

La mappatura dei percorsi di evacuazione dovrebbe anche considerare le esigenze specifiche delle persone che potrebbero affrontare difficoltà di mobilità, come gli anziani, i bambini piccoli o le persone con disabilità.

Garantire che queste persone possano evacuare in sicurezza può richiedere l'identificazione di percorsi accessibili, l'utilizzo di assistenza per il trasporto o l'organizzazione dell'aiuto da parte dei vicini o dei membri della comunità. Per le persone con esigenze mediche particolari, come quelle che dipendono dall'elettricità per i dispositivi medici, il piano di evacuazione dovrebbe anche tenere conto di come trasportare le attrezzature necessarie o trasferirsi in strutture con energia di riserva.

Una volta tracciati i percorsi sicuri, è importante identificare e comunicare l'ubicazione dei punti di incontro di emergenza. Questi punti dovrebbero essere al sicuro dagli effetti immediati del disastro e facilmente riconoscibili da tutti i membri della famiglia o dai partecipanti al gruppo. Idealmente, dovrebbe esserci più di un punto d'incontro: un luogo vicino per situazioni che consentono spostamenti veloci e un altro più lontano nel caso in cui il punto più vicino diventi inaccessibile o pericoloso. Ad esempio, se una famiglia vive in un'area a rischio di incendi, potrebbe avere un punto d'incontro locale in un parco vicino, ma dovrebbe anche designare come alternativa l'abitazione di un parente in una città vicina.

I piani di evacuazione devono essere sufficientemente flessibili da tenere conto dei diversi tipi di disastri e del modo in cui potrebbero influire sui percorsi o sui punti di incontro. Ad esempio, mentre la scuola più vicina potrebbe essere un punto d'incontro adeguato in caso di incendio, potrebbe non essere l'ideale durante un'alluvione se si trova in una pianura alluvionale. La revisione e l'adeguamento dei piani sulla base di specifiche minacce di catastrofi garantirà che rimangano pratici in varie circostanze. Le mappe con questi percorsi e punti di incontro dovrebbero essere facilmente accessibili a tutti i soggetti coinvolti. Le copie stampate dovrebbero essere collocate in luoghi chiave come veicoli, kit di emergenza o vicino alle uscite di casa, mentre le versioni digitali possono essere condivise tramite dispositivi mobili. Ciò garantisce che anche se qualcuno dimentica il percorso esatto, può comunque accedere al piano.

Una volta stabiliti percorsi e punti di incontro, è importante comunicare chiaramente il piano a tutti i membri della famiglia o ai partecipanti e metterlo in pratica regolarmente. Effettuare esercitazioni almeno una o due volte all'anno garantisce che tutti conoscano i percorsi e possano seguirli sotto pressione. Mettere in pratica il piano in diverse situazioni, come di notte o durante un'interruzione di corrente, prepara le persone a scenari di disastro realistici. Inoltre, testare percorsi alternativi durante queste esercitazioni aiuta tutti a familiarizzare con i piani di riserva e aumenta la fiducia nella propria capacità di mettersi in salvo.

I bambini dovrebbero essere coinvolti attivamente nella pianificazione dell'evacuazione per garantire che comprendano l'importanza di queste misure. Istruirli su come identificare le uscite più sicure, cosa fare se sono separati dagli adulti e come raggiungere i punti di incontro li aiuterà a rimanere calmi e concentrati durante le emergenze. Anche le scuole e gli asili nido dovrebbero disporre di piani di evacuazione e i genitori dovrebbero familiarizzarsi con questi per assicurarsi che siano in linea con il piano generale di emergenza della famiglia.

Per gli ambienti di lavoro, le aziende dovrebbero coordinarsi con le autorità locali per sviluppare piani di evacuazione completi adattati ai rischi specifici dell'area. I datori di lavoro dovrebbero designare punti di incontro sicuri per i dipendenti e garantire che tutti siano a conoscenza di come evacuare l'edificio e raggiungere questi punti in sicurezza. È inoltre importante che le aziende rivedano e aggiornino regolarmente i propri piani per tenere conto di nuovi rischi o cambiamenti nelle infrastrutture.

Il successo di qualsiasi piano di evacuazione risiede nella sua semplicità e chiarezza. Complicare eccessivamente i percorsi o fare affidamento su troppi passaggi può creare confusione, soprattutto sotto lo stress di una situazione di disastro. Pertanto, i piani dovrebbero dare priorità ai percorsi più diretti e sicuri e i familiari dovrebbero avere ben chiare le azioni che devono intraprendere. Una comunicazione chiara, una pratica regolare e il coinvolgimento di tutti i membri della famiglia, indipendentemente dall'età o dalle capacità, garantiscono che il piano sia efficace e possa essere eseguito in modo efficiente quando necessario. Pianificare e prepararsi in anticipo offre la tranquillità di sapere che tutti hanno una tabella di marcia verso la sicurezza, riducendo il caos e l'incertezza che spesso accompagnano i disastri naturali.

Elenchi dei contatti di emergenza e documentazione

Creare e mantenere un elenco di contatti di emergenza è una parte vitale di qualsiasi piano di preparazione alle catastrofi. Garantisce che le persone e le famiglie possano raggiungere rapidamente i servizi necessari e i propri cari in caso di crisi. Il processo inizia con la raccolta delle informazioni di contatto di individui e organizzazioni chiave che potrebbero essere necessarie durante le emergenze. Questi contatti dovrebbero includere non solo i familiari più stretti, ma anche i servizi di emergenza locali, le società di servizi pubblici e tutti i fornitori di servizi pertinenti.

I servizi di emergenza locali sono tra i contatti più critici. Questi includono la stazione di polizia, i vigili del fuoco e i servizi di emergenza medica più vicini. È importante conoscere i numeri non di emergenza di questi dipartimenti oltre alla consueta hotline di emergenza. Le linee non di emergenza possono aiutare a fornire informazioni preziose durante una crisi quando la hotline principale potrebbe essere sopraffatta dalle chiamate. Anche le agenzie governative locali per le catastrofi o le organizzazioni di soccorso come la Croce Rossa possono fornire assistenza, quindi è necessario includere anche i loro dettagli di contatto.

Nella lista devono far parte anche i familiari e gli amici più stretti, soprattutto quelli che vivono nelle vicinanze e possono offrire assistenza. Nel caso in cui la comunicazione diventi difficile, è importante disporre sia di numeri di telefono che di indirizzi e-mail per fornire modalità alternative di connessione. Inoltre, può essere utile designare un contatto fuori città. In situazioni in cui le comunicazioni locali vengono interrotte, contattare qualcuno al di fuori delle immediate vicinanze può aiutare a fornire aggiornamenti o fungere da intermediario per gli altri che cercano di verificare la tua sicurezza.

Le società di servizi pubblici sono un'altra aggiunta essenziale all'elenco dei contatti di emergenza. Durante molti disastri possono verificarsi interruzioni di corrente, problemi di approvvigionamento idrico o fughe di gas, che richiedono un intervento urgente. Contattare rapidamente le società di servizi pubblici garantisce che i servizi possano essere ripristinati il prima possibile o che situazioni pericolose come le fughe di gas vengano risolte immediatamente. Questo elenco dovrebbe includere la compagnia elettrica, il fornitore di acqua, la compagnia del gas e qualsiasi altro fornitore di servizi relativi ai servizi essenziali. Conoscere i numeri giusti da chiamare in caso di interruzioni può ridurre significativamente i ritardi nel ripristino dei servizi dopo un disastro.

I contatti medici sono particolarmente importanti per individui o famiglie con bisogni sanitari particolari. È necessario includere le informazioni di contatto di medici personali, farmacie e ospedali locali. Nei casi in cui è necessario un trattamento medico continuo, come la dialisi o l'ossigenoterapia, avere un piano di riserva che includa altre strutture o servizi di emergenza può salvare la vita. Per le persone che assumono farmaci su prescrizione, è importante sapere come contattare la farmacia per ricaricare o trasferire le prescrizioni, soprattutto se le forniture regolari vengono interrotte.

Una volta raccolti tutti i contatti necessari, è importante organizzare le informazioni in modo da consentirne un rapido accesso durante le emergenze. L'elenco dovrebbe essere stampato e archiviato digitalmente. Una versione stampata è fondamentale, poiché potrebbe essere impossibile fare affidamento sui dispositivi elettronici durante un disastro a causa di interruzioni di corrente o perdita di accesso a Internet. L'elenco stampato deve essere laminato per proteggerlo dai danni causati dall'acqua o dall'usura. Può essere riposto in più posti, come portafogli, zaini, kit di emergenza e veicoli, quindi è accessibile ovunque tu sia durante un'emergenza.

Anche l'archiviazione digitale dei contatti di emergenza può essere utile, soprattutto perché gli smartphone sono spesso il primo luogo a cui le persone si rivolgono per comunicare. Si consiglia di archiviare questi contatti in una cartella protetta da password su un telefono, nel cloud o come file a cui è possibile accedere senza bisogno di una connessione Internet. Possono essere utili anche le app telefoniche progettate appositamente per la preparazione alle emergenze, molte delle quali consentono l'accesso offline a documenti e informazioni di contatto. Ciò fornisce un riferimento rapido anche se le reti mobili sono sovraccariche o non disponibili.

Oltre alle informazioni di contatto, la salvaguardia dei documenti importanti è un altro aspetto chiave della preparazione alle emergenze. Questi documenti includono documenti di identità, polizze assicurative, cartelle cliniche, atti di proprietà, rendiconti finanziari e qualsiasi documento legale che potrebbe essere richiesto in seguito a un disastro. La protezione di questi documenti garantisce che siano accessibili quando necessario, evitando ritardi negli sforzi di recupero come la presentazione di richieste di indennizzo assicurativo o la dimostrazione dell'identità.

Il primo passo per salvaguardare i documenti è raccogliere tutti i documenti essenziali in un unico posto. Gli originali dei documenti d'identità come certificati di nascita, passaporti e patenti di guida dovrebbero essere conservati in modo sicuro, mentre si fanno copie che possono essere tenute a portata di mano in un kit di emergenza. I documenti assicurativi, comprese le polizze di assicurazione sulla casa, sull'auto e sulla salute, sono fondamentali durante e dopo un disastro. Le copie di questi dovrebbero essere conservate insieme agli originali, consentendo un facile accesso ai numeri di polizza e alle informazioni di contatto per accelerare le richieste. Dovrebbero essere incluse anche le cartelle cliniche, soprattutto per coloro che soffrono di patologie croniche o con esigenze specialistiche, per garantire cure adeguate in caso di infortunio o malattia.

Una volta ritirati, i documenti dovranno essere conservati in una cassaforte impermeabile e ignifuga. Ciò li proteggerà dai danni durante i disastri comuni come inondazioni, incendi o uragani. Esistono versioni portatili di queste casseforti che possono essere incluse in un kit di emergenza, garantendo che i documenti importanti possano essere portati con sé se si rende necessaria un'evacuazione. I documenti difficili o costosi da sostituire, come documenti legali, titoli e atti, dovrebbero essere sempre conservati in questi luoghi sicuri.

Le copie digitali di documenti importanti forniscono un ulteriore livello di protezione. La scansione e l'archiviazione elettronica di questi documenti consente l'accesso anche se le copie fisiche vengono distrutte o inaccessibili. Queste versioni digitali dovrebbero essere archiviate su unità crittografate o in un archivio cloud sicuro per impedire l'accesso non autorizzato. Il vantaggio dell'archiviazione nel cloud è che è possibile accedere ai documenti da qualsiasi luogo dotato di connessione Internet, garantendo flessibilità e sicurezza durante una crisi. Le copie di backup di questi file dovrebbero essere aggiornate regolarmente, in particolare quando vengono apportate modifiche alle polizze assicurative o ai documenti legali.

Organizzare questi documenti e contatti in un kit di emergenza, insieme a forniture di sopravvivenza come cibo e acqua, garantisce che tutto sia pronto in caso di evacuazione improvvisa. Questo kit deve essere conservato in un luogo facilmente accessibile e deve essere sufficientemente portatile da poter essere trasportato se necessario. È essenziale rivedere e aggiornare periodicamente sia l'elenco dei contatti che i documenti archiviati. Nel corso del tempo, numeri di telefono, e-mail e indirizzi potrebbero cambiare e potrebbe essere necessario aggiornare le polizze assicurative o le condizioni mediche. Esaminando il contenuto del kit di emergenza almeno una o due volte l'anno, è possibile garantire che tutto rimanga aggiornato e pertinente.

Mantenendo sia un elenco completo dei contatti di emergenza che un sistema per la salvaguardia dei documenti critici, gli individui e le famiglie possono garantire di essere ben preparati per qualsiasi disastro. Queste misure proattive riducono il rischio di essere colti impreparati e rendono il processo di ripresa più agevole ed efficiente all'indomani di una crisi. Con queste misure in atto, si risparmia tempo prezioso, si accede più rapidamente ai servizi essenziali e si possono prendere decisioni critiche con tutte le informazioni necessarie a portata di mano.

Capitolo 4

PROTEGGERE LA TUA CASA DAI DISASTRI

Fortificazione domestica per tempeste, terremoti e inondazioni

Fortificare le case per resistere ai disastri naturali è un passo cruciale per garantire la sicurezza e la sopravvivenza dei residenti durante eventi meteorologici estremi e disturbi geologici. Il processo prevede il rafforzamento degli elementi strutturali chiave per ridurre i danni derivanti da tempeste, terremoti, inondazioni e altri pericoli. Tetti, pareti e finestre sono tra le parti più vulnerabili di una casa e, rafforzandoli, è possibile ottenere miglioramenti significativi nella resilienza. A seconda del tipo di disastro più comune in una particolare area, è possibile applicare tecniche e materiali diversi per proteggersi dalla distruzione.

I tetti svolgono un ruolo fondamentale nel proteggere l'interno di una casa dagli agenti atmosferici. Durante le tempeste o gli uragani, i forti venti possono facilmente sollevare tegole o materiali di copertura che non sono adeguatamente fissati. Rafforzare il tetto significa assicurarsi che sia fissato saldamente al telaio della casa. Ciò può essere ottenuto utilizzando cinghie o clip anti-uragano che ancorano il tetto alle pareti. Questi connettori metallici aiutano a resistere alle forze di sollevamento dovute a forti venti, riducendo il rischio di distacco del tetto. I tetti in metallo, in particolare, sono altamente raccomandati per le aree soggette a forti tempeste poiché offrono durabilità e resistenza a forti venti, grandine e fuoco. In alternativa, le tegole in asfalto per carichi pesanti progettate per resistere ai venti con forza di uragano sono un'altra opzione per i proprietari di case che desiderano una soluzione resistente ma economica.

Nelle regioni a rischio sismico, l'attenzione si sposta dalla resistenza al vento alla garanzia che il tetto possa assorbire e distribuire le forze sismiche. I tetti realizzati con materiali più leggeri, come metallo o legno, hanno meno probabilità di crollare durante un terremoto, riducendo il peso sulle pareti. Rafforzare le capriate del tetto e garantire che il tetto sia saldamente collegato al telaio può ridurre ulteriormente il rischio di cedimenti strutturali. Fondamentali sono inoltre le ispezioni periodiche per identificare eventuali materiali staccati o danneggiati per mantenere l'integrità del tetto nel tempo.

Le pareti costituiscono la struttura centrale di ogni casa e devono essere fortificate per resistere a vari tipi di disastri naturali. Nelle aree soggette a inondazioni, l'innalzamento dei muri o l'installazione di barriere impermeabili è fondamentale per prevenire l'intrusione di acqua. Una tecnica efficace è l'uso di materiali resistenti alle inondazioni come cemento, mattoni o pannelli di cemento. Questi materiali non si degradano facilmente se esposti all'acqua, rendendoli più adatti a resistere ai danni delle inondazioni. Per le case situate in regioni costiere o basse, sollevare l'intera struttura su palafitte o palafitte è una soluzione efficace, anche se più costosa, per evitare del tutto le inondazioni.

Nelle aree soggette a tempeste, i muri devono essere rinforzati per resistere ai detriti e alla pressione trasportati dal vento. Le pareti rinforzate con cemento, in particolare quelle costruite con forme di calcestruzzo isolate (ICF), sono eccellenti per questo scopo. Gli ICF forniscono isolamento termico offrendo allo stesso tempo una resistenza superiore agli urti e alla pressione. Inoltre, le case possono essere dotate di pareti a taglio, progettate per prevenire l'oscillazione laterale causata da terremoti o forti venti. Queste pareti, generalmente realizzate in compensato o acciaio, distribuiscono uniformemente le forze sismiche o del vento in tutta la struttura, riducendo la probabilità di collasso.

Per le zone sismiche, è fondamentale che le case abbiano muri controventati o rinforzati. L'adeguamento con rinforzi in acciaio, soprattutto attorno alle fondamenta e lungo i muri portanti, può impedire che l'intera struttura si sposti o crolli durante un terremoto. L'installazione di materiali flessibili come i polimeri rinforzati con fibre aggiunge resistenza anche alle pareti più vecchie senza richiedere estesi lavori di costruzione. Inoltre, l'ancoraggio delle pareti alle fondamenta mediante bulloni o piastre di acciaio aumenta ulteriormente la resistenza della casa alle scosse.

Finestre e porte sono particolarmente vulnerabili durante i disastri naturali, poiché spesso sono i primi punti di cedimento durante tempeste o terremoti. Rinforzare le finestre contro gli urti e la pressione è essenziale per la preparazione sia alle tempeste che ai terremoti. È possibile installare persiane anti-tempesta realizzate con materiali resistenti come metallo o policarbonato per proteggere le finestre dai detriti trasportati dal vento durante uragani o tornado. Il vetro resistente agli urti, solitamente laminato con uno strato speciale per evitare la frantumazione, offre un altro livello di protezione. Questo vetro resiste anche in caso di rottura, impedendo l'ingresso di detriti in casa e riducendo il rischio di lesioni.

Per le aree a rischio sismico, finestre e porte possono essere dotate di telai flessibili che consentono alcuni movimenti senza crepe. I telai delle finestre rinforzati, in particolare quelli realizzati in acciaio o alluminio, offrono una maggiore durata. Le porte, che possono diventare punti deboli, dovrebbero essere rinforzate aggiungendo piastre o rinforzi in acciaio ai telai. Garantire che le porte esterne siano realizzate in legno massiccio o metallo, anziché in materiali cavi, fornisce ulteriore resilienza sia contro i forti venti che contro le forze sismiche.

Le considerazioni sul budget svolgono un ruolo chiave nel fortificare le case, ma esistono soluzioni economicamente vantaggiose per tutti i livelli di reddito. Per i proprietari di case con un budget limitato, aggiornamenti di base come l'installazione di persiane antipioggia, il rinforzo dei telai delle porte e il fissaggio delle tegole del tetto allentate possono fornire una protezione significativa senza investimenti finanziari sostanziali. L'applicazione di sigillanti resistenti agli agenti atmosferici su pareti e finestre può anche aiutare a prevenire i danni causati dall'acqua dovuti a inondazioni e tempeste. Inoltre, la creazione di un semplice kit di emergenza con materiali come teli di plastica, sacchi di sabbia e compensato consente una risposta rapida alle tempeste o alle inondazioni in arrivo.

Per chi ha un budget moderato, l'adeguamento con materiali più resistenti come finestre resistenti agli urti o pareti rinforzate offre un livello di protezione più elevato. I proprietari di case possono anche prendere in considerazione l'installazione di un generatore di energia di riserva per mantenere i servizi essenziali durante interruzioni prolungate causate da tempeste o terremoti. I pannelli solari con accumulo di batterie forniscono un'altra opzione per generare elettricità in modo indipendente durante le emergenze.

All'estremità più alta dello spettro di budget, ristrutturazioni più estese come l'innalzamento delle fondamenta di una casa per evitare inondazioni o il rinforzo dei muri con cemento o acciaio offrono il massimo livello di protezione. L'adeguamento delle case con casseforme isolate in calcestruzzo (ICF) o l'installazione di tetti in metallo sono soluzioni durevoli e durature per fortificarsi contro i danni dovuti al vento e al sisma. L'adeguamento sismico, che prevede l'ancoraggio delle case alle fondamenta e il rinforzo delle pareti con acciaio, fornisce la massima resilienza nelle aree a rischio sismico, sebbene possa essere costoso.

Indipendentemente dal budget, la manutenzione e le ispezioni regolari sono fondamentali per garantire che le fortificazioni rimangano efficaci nel tempo. I tetti dovrebbero essere ispezionati dopo i temporali per eventuali segni di danni, mentre le finestre e le pareti dovrebbero essere controllate per eventuali crepe o punti deboli. Mantenere le grondaie libere da detriti, sigillare eventuali spazi attorno a finestre e porte e riparare tempestivamente eventuali danni strutturali sono passaggi essenziali per mantenere la resilienza della casa.

Con una combinazione di soluzioni pratiche ed economiche e una manutenzione regolare, le case possono essere fortificate per resistere meglio alle forze distruttive dei disastri naturali. Investire in materiali durevoli e rinforzare gli elementi strutturali chiave garantisce che le case non solo sopravvivano ma rimangano vivibili durante e dopo un disastro. Dare priorità a questi miglioramenti sulla base dei rischi locali garantisce che le aree più vulnerabili di una casa siano adeguatamente protette, migliorando sia la sicurezza che la tranquillità di coloro che vivono lì.

Rendere ignifuga e antiallagamento la tua casa

Proteggere le case da incendi e inondazioni implica una combinazione di misure preventive, scelte di materiali e aggiustamenti strutturali che riducono significativamente i danni durante questi eventi. L'ignifugazione e l'impermeabilizzazione delle inondazioni richiedono approcci diversi, ma entrambi sono essenziali per mantenere l'integrità di una casa nelle regioni vulnerabili. L'attuazione di queste strategie può proteggere proprietà e vite umane, soprattutto perché il cambiamento climatico aumenta la frequenza e l'intensità di tali disastri.

Le case ignifughe contro gli incendi iniziano con la progettazione del paesaggio. Uno dei metodi più efficaci è creare uno spazio difendibile, una zona cuscinetto tra la casa e la vegetazione circostante. Questo spazio dovrebbe essere privo di materiali infiammabili come foglie secche, legno e piante morte. Nei primi 9 metri intorno alla casa, conosciuti come zona immediata, è fondamentale utilizzare piante resistenti al fuoco con un alto contenuto di umidità, come le piante grasse e alcuni tipi di arbusti. Gli alberi dovrebbero essere distanziati, potati regolarmente e tenuti ad almeno 10 piedi da casa. Eliminare i rami dai tetti e dalle finestre aiuta a prevenire la propagazione del fuoco alla struttura. Il pacciame, sebbene popolare nel paesaggio, può rappresentare un pericolo di incendio. Invece del pacciame di legno, l'uso di materiali non combustibili come ghiaia, pietre o pacciame sintetico vicino alla casa riduce il rischio di incendio.

Per ignifugare l'esterno, la scelta dei giusti materiali da costruzione è fondamentale. Le pareti esterne realizzate con materiali non combustibili come stucco, mattoni o fibrocemento sono molto più resistenti al fuoco rispetto ai rivestimenti in legno o vinile. Il rivestimento in fibrocemento, ad esempio, è composto da cemento, sabbia e fibre di cellulosa, fornendo una forte resistenza al fuoco pur mantenendo un aspetto esteticamente gradevole. Il tetto è una delle parti più vulnerabili di una casa durante un incendio, poiché le braci possono facilmente accendere materiali infiammabili. Si consigliano coperture in metallo, tegole in argilla e tegole in asfalto di Classe A per la loro capacità di resistere alle alte temperature e all'ignizione. L'installazione di scossaline metalliche attorno a prese d'aria e camini impedisce inoltre alla brace di entrare in casa.

Anche le finestre e le porte necessitano di rinforzi. Le finestre a doppio vetro o in vetro temperato offrono una maggiore resistenza al fuoco rispetto alle finestre a vetro singolo, poiché il vetro più spesso resiste a una maggiore quantità di calore prima di rompersi. L'installazione di schermi metallici su finestre e prese d'aria impedisce alla brace di entrare in queste aperture. Le porte tagliafuoco in metallo o legno massiccio forniscono un'ulteriore protezione contro le fiamme, soprattutto se dotate di guarnizioni per bloccare la brace.

Oltre ai materiali, i rivestimenti resistenti al fuoco possono essere applicati alle superfici esterne. Le vernici intumescenti, che gonfiandosi se esposte al calore e creando una barriera protettiva, possono rallentare la propagazione delle fiamme. Questo rivestimento è particolarmente efficace sulle superfici in legno, fornendo un ulteriore livello di difesa.

Per le case a rischio di inondazioni, l'impermeabilizzazione richiede una serie diversa di strategie. Il primo passo prevede la valutazione del rischio di alluvioni e l'identificazione delle aree vulnerabili. Le barriere contro le inondazioni, sia permanenti che temporanee, offrono una protezione efficace. Intorno alle case possono essere costruite barriere permanenti come argini o dighe, soprattutto nelle aree con frequenti inondazioni. Queste barriere sono solitamente costruite in cemento, mattoni o altri materiali impermeabili e forniscono una protezione a lungo termine.

Le barriere temporanee contro le inondazioni, compresi i sacchi di sabbia e le barriere piene d'acqua, sono utili per la difesa dalle inondazioni a breve termine. I sacchi di sabbia, sebbene ampiamente utilizzati, possono essere meno efficaci se non adeguatamente impilati o sigillati. Le barriere riempite d'acqua, che si espandono quando riempite d'acqua, offrono una migliore protezione e sono più facili da implementare. Queste barriere possono essere posizionate attorno a porte e finestre per impedire l'ingresso delle acque alluvionali.

Elevare le case al di sopra della quota base delle inondazioni è un'altra strategia di protezione dalle inondazioni molto efficace, soprattutto per le case situate in aree soggette a inondazioni. Sollevando le fondamenta di una casa su palafitte, palafitte o una piattaforma rialzata, è meno probabile che le acque alluvionali raggiungano gli spazi abitativi. Le nuove costruzioni nelle zone alluvionali spesso incorporano l'elevazione, ma le case esistenti possono essere ristrutturate attraverso questo processo. Anche se costosi, i benefici a lungo termine derivanti dalla riduzione dei danni provocati dalle inondazioni spesso superano l'investimento iniziale.

L'impermeabilizzazione delle pareti esterne è fondamentale per evitare che l'acqua penetri nella struttura. L'uso di rivestimenti impermeabili o sigillanti su muri di fondazione, porte e finestre può impedire l'ingresso di acqua durante forti piogge o inondazioni. Un altro metodo efficace è installare una membrana impermeabile attorno alla fondazione, che funge da barriera contro le infiltrazioni di acqua sotterranea.

Garantire che il sistema di drenaggio della casa sia efficiente riduce anche il rischio di inondazioni. L'installazione di scarichi francesi o di un sistema di pompe di raccolta devia l'acqua lontano dalle fondamenta, mantenendo asciutti gli scantinati e i vespai. La manutenzione regolare delle grondaie e dei pluviali è necessaria per garantire che canalizzino efficacemente l'acqua lontano dalla casa durante i temporali.

L'impermeabilizzazione degli spazi interni può comportare l'installazione di materiali resistenti all'acqua, soprattutto per pavimenti e pareti. I pavimenti in piastrelle, vinile o cemento sono preferibili rispetto alla moquette o al legno nelle aree soggette a inondazioni, poiché questi materiali si asciugano rapidamente e hanno meno probabilità di soffrire di muffe e marciume. Per le pareti, l'utilizzo di isolanti a cellule chiuse e cartongesso resistente all'acqua garantisce che i materiali non vengano danneggiati o richiedano la sostituzione completa dopo lievi allagamenti.

I casi di studio offrono informazioni sul successo degli sforzi di protezione antincendio e antialluvione. Nell'incendio di campo del 2018 a Paradise, in California, le case dotate di materiali resistenti al fuoco e di spazi difendibili ben mantenuti avevano molte più probabilità di sopravvivere all'incendio. Un esempio degno di nota riguardava una casa che aveva incorporato coperture in metallo, rivestimenti in cemento e finestre resistenti al fuoco. Questi materiali, combinati con un ampio spazio difendibile privo di vegetazione, hanno impedito che l'incendio prendesse piede, anche se le case circostanti venivano distrutte.

Allo stesso modo, l'inondazione di Houston, in Texas, durante l'uragano Harvey nel 2017, ha evidenziato l'importanza dell'impermeabilizzazione. Alcune case che erano state sopraelevate al di sopra della quota base dell'alluvione sono rimaste intatte, nonostante l'inondazione diffusa nelle aree circostanti. Queste case sopraelevate, spesso rialzate di parecchi metri su palafitte o palafitte, evitavano le costose riparazioni affrontate dalle case costruite al piano terra. Nelle aree in cui le case erano impermeabilizzate con barriere d'acqua, come cancelli temporanei o muri con sacchi di sabbia, il danno è stato notevolmente ridotto.

Sia nella protezione antincendio che in quella antiallagamento, la manutenzione continua è essenziale. Le case che avevano mantenuto adeguatamente le proprie misure protettive, come il taglio della vegetazione o lo sgombero delle grondaie, avevano maggiori probabilità di resistere a questi disastri. Ispezioni regolari e aggiornamenti al paesaggio resistente al fuoco e alle difese contro le inondazioni garantiscono che una casa rimanga protetta man mano che le condizioni ambientali e gli standard edilizi evolvono.

Adottando queste misure per rendere le case ignifughe e a prova di inondazione, i proprietari di immobili possono ridurre significativamente i rischi associati ai disastri naturali. Dalla selezione attenta dei materiali all'adozione di pratiche paesaggistiche preventive e al mantenimento delle barriere, ogni passo aggiunge uno strato di protezione in grado di salvaguardare sia le case che le vite durante i momenti critici. L'investimento in tali misure non solo migliora la sicurezza, ma aumenta anche la resilienza a lungo termine delle comunità che si trovano ad affrontare la crescente minaccia di incendi e inondazioni.

Alimentazione e utilità di backup

I disastri naturali possono portare a prolungate interruzioni di corrente, interrompendo la vita quotidiana e creando sfide significative per individui e comunità. L'importanza di disporre di energia e servizi di riserva non può essere sopravvalutata, poiché un accesso affidabile all'elettricità, all'acqua e al riscaldamento è essenziale per la sicurezza, il comfort e un'efficace risposta alle emergenze. I sistemi di backup aiutano a mantenere la comunicazione, a conservare il cibo e a fornire assistenza medica durante le crisi, garantendo al tempo stesso che i bisogni di base siano soddisfatti.

I generatori fungono da soluzione primaria per l'alimentazione di riserva. Sono disponibili in varie dimensioni e tipologie, consentendo ai proprietari di casa di selezionare un modello adatto alle loro esigenze. I generatori portatili sono ideali per un uso a breve termine e possono alimentare apparecchi essenziali come frigoriferi, luci e apparecchiature mediche. I generatori di riserva, installati in modo permanente all'esterno di una casa, si attivano automaticamente durante un'interruzione di corrente, fornendo un'alimentazione elettrica continua a tutta la famiglia. Questi generatori sono generalmente alimentati a gas naturale o propano, offrendo maggiore praticità ed efficienza. Quando si acquista un generatore, è essenziale considerare la capacità in watt necessaria per far funzionare gli apparecchi critici. Una corretta installazione da parte di un tecnico qualificato garantisce la sicurezza e la conformità alle normative locali.

L'energia solare è un'altra soluzione di backup efficace. I pannelli solari possono fornire elettricità anche durante interruzioni prolungate se dotati di un sistema di accumulo di batterie. Questi sistemi sfruttano la luce solare per caricare le batterie, consentendo alle case di utilizzare l'energia immagazzinata quando la rete si interrompe. Sebbene gli impianti solari richiedano un investimento iniziale, offrono risparmi a lungo termine e vantaggi ambientali. I proprietari di case dovrebbero considerare le dimensioni, l'orientamento e il clima locale quando pianificano un sistema solare. Inoltre, il collegamento del sistema solare a un inverter collegato alla rete consente alla casa di attingere energia dalla rete quando la luce solare è insufficiente.

Lo stoccaggio del combustibile è un aspetto critico della gestione dei sistemi di alimentazione di backup. Metodi di stoccaggio adeguati garantiscono sicurezza e accessibilità. Quando si utilizza benzina o propano per i generatori, attenersi alle linee guida del produttore relative al tipo di carburante e allo stoccaggio. La benzina deve essere conservata in contenitori approvati ed etichettati, conservata in un luogo fresco e asciutto, lontano dalla luce solare diretta e da fonti di ignizione. I serbatoi di propano devono essere conservati in posizione verticale e fissati per evitare il ribaltamento. Controlla regolarmente i livelli di carburante e ruota le forniture per mantenerne la freschezza, poiché il carburante si degrada nel tempo. Inoltre, considera di avere a portata di mano un kit di sifonamento per trasferire il carburante in sicurezza, se necessario.

La gestione della fornitura idrica durante le emergenze è vitale, soprattutto durante le interruzioni prolungate. Mantenere una fornitura sufficiente di acqua pulita è fondamentale per bere, cucinare e servizi igienico-sanitari. La raccomandazione generale è di conservare almeno un litro d'acqua per persona al giorno per almeno tre giorni. Utilizzare contenitori per alimenti per la conservazione, assicurandosi che siano accuratamente puliti e igienizzati. Controllare e sostituire regolarmente l'acqua immagazzinata ogni sei mesi per garantire che rimanga sicura per il consumo. Nelle aree soggette a inondazioni o contaminazione, valuta la possibilità di investire in un sistema di filtraggio dell'acqua portatile per purificare l'acqua da fonti naturali.

Gli impianti a gas, spesso utilizzati per il riscaldamento e la cucina, richiedono un'attenzione specifica durante le emergenze. Assicurarsi che le linee del gas siano controllate e mantenute regolarmente per evitare perdite. In caso di disastro naturale, familiarizza con come chiudere la fornitura di gas a casa tua. In caso di spegnimento del gas è necessario contattare un professionista abilitato per ripristinare il servizio in sicurezza. Durante le interruzioni, prendere in considerazione l'utilizzo di metodi di cottura alternativi, come fornelli da campo a propano o griglie a carbone, ma prestare attenzione e utilizzarli solo all'aperto per prevenire l'avvelenamento da monossido di carbonio.

Gli impianti di riscaldamento devono essere preparati per eventuali interruzioni, soprattutto nella stagione fredda. I proprietari di case dovrebbero garantire che i loro sistemi di riscaldamento, siano essi a gas, elettrici o a petrolio, siano ben mantenuti e operativi prima che si verifichi un disastro. In caso di interruzioni, fonti di riscaldamento alternative come stufe a legna, stufe a propano o stufe elettriche possono fornire calore. Quando si utilizzano stufe portatili, dare priorità alla sicurezza tenendo lontani i materiali infiammabili e garantendo un'adeguata ventilazione. Inoltre, isolare la casa con guarnizioni, coperte e teli di plastica aiuta a trattenere il calore e riduce la necessità di ulteriori fonti di riscaldamento.

La comunicazione rimane fondamentale durante le emergenze, rendendo essenziali le soluzioni di alimentazione di backup. I telefoni cellulari e altri dispositivi possono fornire informazioni vitali e consentire il contatto con i servizi di emergenza e le persone care. Prendi in considerazione l'idea di disporre di caricabatterie alimentati a batteria o a manovella per mantenere i dispositivi carichi senza fare affidamento sulla rete. Stabilire un piano di comunicazione con familiari e amici garantisce che tutti siano informati sulle misure di sicurezza e sugli aggiornamenti durante un disastro.

La manutenzione regolare dei sistemi di backup è fondamentale per la loro efficacia. Pianifica ispezioni periodiche per generatori, sistemi solari e unità di riscaldamento per identificare e affrontare potenziali problemi prima che diventino critici. Testare mensilmente i generatori di backup può aiutare a garantire che siano operativi quando necessario. La sostituzione delle batterie nei sistemi di accumulo solare secondo le raccomandazioni del produttore massimizza le prestazioni e la durata.

La formazione sui protocolli di sicurezza riguardanti l'utilizzo dell'energia di backup è essenziale. I generatori devono essere sempre utilizzati all'aperto per evitare l'accumulo di monossido di carbonio all'interno, con almeno un metro di distanza da finestre, porte e prese d'aria. Una ventilazione adeguata garantisce che i gas nocivi si disperdano in modo sicuro. Comprendere i segni di avvelenamento da monossido di carbonio, come mal di testa, vertigini o confusione, può salvare vite umane.

Implementando in modo proattivo soluzioni di alimentazione e servizi di backup, gli individui possono mitigare l'impatto dei disastri naturali sulle loro vite.

Prepararsi alle emergenze attraverso un'attenta pianificazione, attrezzature affidabili e una comunicazione efficace non solo migliora la sicurezza personale ma contribuisce anche alla resilienza della comunità. Poiché il cambiamento climatico aumenta la frequenza e la gravità dei disastri naturali, l'importanza di questi preparativi diventa sempre più chiara. La revisione e l'aggiornamento periodici dei piani di emergenza e dei sistemi di backup garantiscono la prontezza per qualsiasi situazione, garantendo tranquillità in tempi incerti.

Capitolo 5

SOPRAVVIVERE A TERREMOTI E TSUNAMI

Preparativi ed esercitazioni pre-terremoto

La preparazione ai terremoti prevede una serie di misure proattive progettate per migliorare la sicurezza e ridurre al minimo i potenziali danni. Mettere in sicurezza i mobili pesanti è un passo fondamentale. Oggetti grandi e pesanti come librerie, armadietti e televisori dovrebbero essere ancorati alle pareti per evitare che si ribaltino durante un terremoto. Ciò può essere ottenuto utilizzando staffe, cinghie o supporti a L appositamente progettati per la sicurezza antisismica. Quando si sistemano i mobili, posizionare gli oggetti più pesanti sui ripiani inferiori riduce il rischio che cadano. Percorsi chiari e vie di uscita in tutta la casa consentono una rapida evacuazione se necessario.

L'adeguamento delle case è un altro aspetto critico della preparazione ai terremoti. Questo processo comporta il rafforzamento dell'integrità strutturale di un edificio per resistere all'attività sismica. I proprietari di case dovrebbero prendere in considerazione la possibilità di consultare un ingegnere strutturale per valutare la loro proprietà e raccomandare le tecniche di adeguamento che potrebbero essere necessarie. I metodi più comuni di ristrutturazione includono il fissaggio della casa alle fondamenta, il rinforzo dei muri e la garanzia che i tetti siano adeguatamente protetti. Queste misure non solo proteggono l'edificio stesso ma migliorano anche la sicurezza degli occupanti durante un terremoto.

La pratica delle esercitazioni sismiche è essenziale per familiarizzare tutti i membri della famiglia con le procedure di emergenza. Questi esercizi aiutano a ridurre il panico e la confusione durante un evento reale. È fondamentale stabilire un piano di emergenza familiare che delinei dove incontrarsi dopo un terremoto e come comunicare in caso di separazione. Condurre regolarmente esercizi che enfatizzano il metodo "Lascia, Copri e Tieni" aiuta tutti a capire come rispondere in modo appropriato. In questo metodo, le persone dovrebbero cadere a terra, mettersi al riparo sotto un mobile robusto e resistere fino a quando le scosse non si fermano. È importante che tutti i membri della famiglia, compresi i bambini, partecipino a queste esercitazioni per assicurarsi che sappiano come reagire in modo efficace.

Creare una lista di controllo per la preparazione ai terremoti è un modo pratico per garantire la preparazione. Questa lista di controllo dovrebbe includere forniture essenziali come acqua, cibo non deperibile, una torcia elettrica, batterie, un kit di pronto soccorso e un fischietto per segnalare aiuto. È consigliabile preparare scorte sufficienti per almeno 72 ore, poiché i servizi di emergenza potrebbero impiegare del tempo per rispondere. La lista di controllo dovrebbe comprendere anche strumenti e oggetti per proteggere gli effetti personali in casa, nonché documenti personali e farmaci. Rivedere e aggiornare regolarmente la lista di controllo è importante per tenere conto di eventuali cambiamenti nelle esigenze familiari o di nuove raccomandazioni sulla sicurezza.

Individuare luoghi sicuri in cui ripararsi durante un terremoto è fondamentale. All'interno di una casa, le aree più sicure sono sotto mobili robusti, come un tavolo o una scrivania pesante, o contro un muro interno lontano da finestre, specchi e oggetti pesanti che potrebbero cadere. È consigliabile evitare le porte, a meno che non siano l'unica opzione, poiché nella maggior parte delle situazioni non sono più considerate zone sicure. All'esterno, le persone dovrebbero spostarsi in aree aperte lontane da edifici, alberi, lampioni e cavi delle utenze, che rappresentano rischi in caso di crollo durante un terremoto.

Oltre ai preparativi domestici, il coinvolgimento delle risorse della comunità può migliorare la preparazione ai terremoti. I governi locali spesso forniscono materiale didattico, workshop e sessioni di formazione sulla sicurezza in caso di terremoto. Unirsi alle squadre di risposta alle emergenze della comunità non solo migliora la preparazione individuale, ma promuove anche una rete di supporto tra i vicini durante un disastro. Questa collaborazione può essere particolarmente vantaggiosa per coloro che potrebbero aver bisogno di ulteriore assistenza in caso di emergenza.

Il monitoraggio dell'attività sismica locale è un altro aspetto essenziale della preparazione. Comprendere la composizione geologica dell'area e familiarizzare con le linee di faglia locali e i dati storici sui terremoti aiuta i residenti a valutare la propria vulnerabilità. Molte organizzazioni, incluso lo United States Geological Survey (USGS), offrono risorse e aggiornamenti in tempo reale sull'attività sismica.

Lo sviluppo di un piano di comunicazione familiare è una parte vitale della preparazione al terremoto. Designare punti di incontro specifici fuori casa e assegnare un contatto fuori zona che i familiari possano raggiungere se sono separati. Questo contatto può fornire aggiornamenti critici e contribuire a garantire che tutti siano al sicuro.

Una formazione regolare sui rischi sismici e sulle misure di sicurezza è fondamentale per creare fiducia e ridurre l'ansia. Informare tutti i membri della famiglia, compresi i bambini, sull'importanza della preparazione può instillare un senso di responsabilità e consapevolezza. L'impegno in iniziative di preparazione della comunità migliora ulteriormente la preparazione individuale e la resilienza collettiva.

Implementando queste strategie – proteggere i mobili, ammodernare le case, esercitarsi, creare liste di controllo, identificare spazi sicuri e impegnarsi con le risorse della comunità – gli individui possono migliorare significativamente la loro preparazione ai terremoti. La preparazione è un processo continuo che dovrebbe adattarsi ai cambiamenti nelle dinamiche familiari e nei fattori ambientali. Revisioni regolari delle misure di sicurezza e il mantenimento delle informazioni sulle migliori pratiche garantiscono che gli individui e le famiglie siano ben attrezzati per gestire le sfide poste dai terremoti.

Pratiche sicure durante terremoti e tsunami

Per restare al sicuro durante un terremoto o uno tsunami è necessario comprendere le migliori pratiche incentrate su azioni immediate e strategie di preparazione. Quando si verifica un terremoto, il primo passo cruciale è mantenere la calma e valutare l'ambiente circostante. Nel caso in cui ti trovi in ambienti chiusi, l'azione consigliata è quella di attuare la tecnica "Lascia cadere, copri e tieni premuto". Cadere su mani e ginocchia riduce al minimo il rischio di essere rovesciati. Questa posizione consente inoltre alle persone di strisciare verso la sicurezza, se necessario. Cercare riparo sotto un mobile robusto, come un tavolo o una scrivania, fornisce protezione dalla caduta di oggetti e detriti. Se non è disponibile alcuna copertura, proteggere la testa e il collo con le braccia rimanendo bassi aiuta a ridurre il rischio di lesioni. La parte "Hold On" della tecnica enfatizza il mantenimento di questa posizione protettiva finché lo scuotimento non si ferma e il movimento solo quando è sicuro farlo.

Per chi si trova all'aperto durante un terremoto, è importante allontanarsi da edifici, alberi, lampioni e cavi delle utenze che potrebbero crollare o cadere. Trovare un'area aperta dove il terreno sia stabile è l'ideale finché le scosse non cessano. Nei veicoli, la migliore linea d'azione è accostare in un luogo sicuro, lontano da cavalcavia, ponti ed edifici, e rimanere all'interno finché le scosse non cessano. Dopo le scosse iniziali, è essenziale essere consapevoli delle potenziali scosse di assestamento, che possono seguire il terremoto principale e comportare rischi aggiuntivi.

La preparazione ad uno tsunami è altrettanto fondamentale, soprattutto per coloro che vivono nelle zone costiere. Il primo passo è comprendere i segnali di allarme dello tsunami. Questi includono un rapido e insolito ritiro dell'acqua dalla costa, spesso definito "inconveniente", che si verifica prima dell'arrivo delle onde. È fondamentale riconoscere questo come un avvertimento significativo ed evacuare immediatamente. Inoltre, forti terremoti di magnitudo 6.0 o superiore possono innescare tsunami.

Avere un piano di evacuazione ben definito è essenziale per la preparazione allo tsunami. I residenti dovrebbero identificare le vie di evacuazione che conducono a un terreno più elevato e avere familiarità con le zone di evacuazione sicure. Le organizzazioni comunitarie e i governi locali spesso forniscono mappe e indicazioni per l'evacuazione. La definizione di un piano di comunicazione familiare garantisce che tutti i membri sappiano dove incontrarsi e come contattarsi in caso di separazione durante un'emergenza.

Rimanere informati sugli allarmi tsunami è fondamentale. Molte regioni utilizzano sistemi di allerta tsunami che forniscono aggiornamenti in tempo reale tramite avvisi radio, televisivi e mobili. È consigliabile iscriversi ai sistemi di allarme locali che avvisano i residenti dell'imminente tsunami, consentendo un'evacuazione tempestiva.

Oltre a queste azioni immediate e ai piani di preparazione, è importante informarsi sui rischi locali dello tsunami. Conoscere i modelli storici degli tsunami nell'area e comprendere i fattori geologici può aiutare i residenti a valutare la loro vulnerabilità e ad adottare misure proattive.

Anche il coinvolgimento in regolari esercitazioni comunitarie migliora la preparazione. Molte comunità conducono esercitazioni per mettere in pratica le procedure di evacuazione in caso di allerta tsunami. La partecipazione a queste esercitazioni rafforza le conoscenze e garantisce che le persone siano esperte nelle azioni corrette da intraprendere durante un'emergenza.

È fondamentale tenere un kit di emergenza ben fornito che includa forniture essenziali come cibo, acqua, farmaci, torce elettriche, batterie e un fischietto. Questo kit dovrebbe essere facilmente accessibile e pronto da portare con sé durante le evacuazioni. Si consiglia inoltre di portare con sé oggetti come scarpe robuste e un kit di pronto soccorso, poiché possono essere essenziali per spostarsi tra i detriti e curare le ferite.

Mantenere la consapevolezza dell'ambiente circostante e rimanere informati sulle risorse di risposta alle emergenze della comunità può migliorare la sicurezza durante terremoti e tsunami. Implementando queste migliori pratiche, le persone possono aumentare significativamente le loro possibilità di rimanere al sicuro e di rispondere efficacemente a questi disastri naturali.

Recupero e sicurezza post-terremoto

Garantire la sicurezza dopo un terremoto o uno tsunami è fondamentale per la ripresa sia individuale che comunitaria. Le conseguenze immediate di tali disastri naturali possono essere caotiche e disorientanti, sottolineando la necessità di consapevolezza e misure proattive. Gli individui devono rimanere vigili per evitare ulteriori rischi che potrebbero verificarsi in seguito all'evento iniziale.

Il primo passo dopo la cessazione delle scosse è valutare la sicurezza personale e quella delle persone vicine. È fondamentale verificare la presenza di infortuni e fornire il primo soccorso a chi ne ha bisogno, dando priorità alla propria sicurezza. Se le lesioni sono significative e richiedono assistenza medica professionale, le persone dovrebbero chiamare i servizi di emergenza non appena sia sicuro farlo. Lo spostamento delle persone ferite dovrebbe essere effettuato solo se la loro sicurezza è messa a rischio da altri pericoli, come il crollo di un edificio. L'uso di dispositivi di protezione individuale, come guanti e maschere, può ridurre al minimo l'esposizione a potenziali contaminanti durante il primo soccorso.

Dopo la valutazione delle lesioni, il passaggio critico successivo prevede l'ispezione della casa o dell'edificio per eventuali danni strutturali. È essenziale affrontare questo compito con cautela. Prima di entrare, le persone dovrebbero cercare segni visibili di danni, come crepe nei muri, finestre rotte o strutture pendenti. Se qualsiasi danno appare grave o se l'edificio si è spostato in modo significativo, è meglio rimanere fuori ed evitare di rientrare finché i professionisti non valutano l'integrità della struttura.

Durante l'ispezione è fondamentale verificare la presenza di perdite di gas. I terremoti possono causare la rottura delle linee del gas, creando un notevole rischio di incendio. Se si sospetta una fuga di gas, le persone non dovrebbero accendere alcun apparecchio elettrico, compresi gli interruttori della luce, poiché ciò potrebbe innescare un'esplosione. Bisognerebbe invece aprire le finestre e lasciare immediatamente l'edificio. La segnalazione della sospetta perdita alla compagnia del gas o ai servizi di emergenza è necessaria per garantire che i professionisti possano rispondere e mettere in sicurezza l'area.

Oltre alle perdite di gas, le persone dovrebbero essere consapevoli dei rischi elettrici. Le linee elettriche abbattute e i cavi elettrici esposti possono comportare rischi mortali. Se una linea elettrica viene interrotta, è essenziale rimanere ad almeno 30 piedi di distanza e segnalarlo alla società di servizi pubblici locale o ai servizi di emergenza. I proprietari di casa dovrebbero anche controllare eventuali danni agli interruttori automatici e agli impianti elettrici. Se eventuali apparecchi o dispositivi mostrano segni di danni, devono essere scollegati per evitare ulteriori pericoli.

Dopo essersi assicurati che l'ambiente circostante sia sicuro, gli individui dovrebbero considerare il rischio di scosse di assestamento. Le scosse di assestamento sono terremoti più piccoli che si verificano dopo il terremoto principale. Sebbene possano essere meno intensi, possono comunque causare ulteriori danni e comportare rischi. Rimanere vigili e disporre di un piano di emergenza per le scosse di assestamento può aiutare a mitigare questi pericoli. Gli individui dovrebbero identificare i punti sicuri nelle loro case e nei luoghi di lavoro dove possono nuovamente "lasciarsi cadere, coprirsi e aggrapparsi" se necessario.

Rimanere informati è un altro aspetto critico della sicurezza dopo un terremoto o uno tsunami. I canali di emergenza, come le stazioni di notizie locali, le trasmissioni radiofoniche e i sistemi di allarme mobili, forniscono aggiornamenti sulle condizioni, sugli sforzi di recupero e sulle raccomandazioni di sicurezza. Le persone dovrebbero tenere radio a batteria o caricabatterie portatili affinché i loro dispositivi rimangano connessi e informati, soprattutto se si verificano interruzioni di corrente.

Inoltre, l'utilizzo dei social media può essere uno strumento prezioso per ricevere informazioni in tempo reale da autorità e organizzazioni locali. Molte agenzie di gestione delle emergenze ed enti governativi dispongono di account ufficiali su piattaforme social che forniscono aggiornamenti tempestivi. Tuttavia, è importante verificare le informazioni attraverso fonti attendibili per evitare la diffusione di disinformazione.

Le comunità spesso si uniscono in seguito a disastri naturali e gli individui possono svolgere un ruolo fondamentale nel sostenere gli sforzi di ripresa. Il volontariato per aiutare i vicini, in particolare gli anziani o le persone con disabilità, può fare una differenza significativa nel processo di recupero. Assistere negli sforzi di pulizia, fornire cibo e acqua o offrire supporto emotivo può aiutare a ricostruire la resilienza della comunità.

Tuttavia, mentre si aiuta gli altri, è essenziale dare priorità alla sicurezza personale e riconoscere i potenziali pericoli. Ciò include evitare aree che potrebbero essere instabili, come edifici danneggiati o zone soggette a frane. Indossare scarpe robuste e indumenti protettivi può aiutare a proteggersi da detriti taglienti, vetri rotti e altri pericoli che potrebbero essere presenti durante le operazioni di pulizia.

Oltre ai rischi fisici, gli individui dovrebbero essere consapevoli dell'impatto emotivo che i terremoti e gli tsunami possono avere sulle persone colpite. I disastri possono portare a stress, ansia e traumi. Cercare il sostegno di professionisti della salute mentale o partecipare a gruppi di sostegno comunitario può aiutare le persone ad affrontare le proprie esperienze e favorire la resilienza di fronte alle avversità.

L'importanza di avere un kit di emergenza diventa evidente all'indomani di un disastro. Questo kit dovrebbe essere accessibile e contenere forniture essenziali come cibo, acqua, farmaci, forniture di primo soccorso, torce elettriche, batterie e prodotti per l'igiene. La revisione e l'aggiornamento regolari del kit garantiscono che gli articoli rimangano in buone condizioni e soddisfino le esigenze della famiglia. In caso di disastro, avere queste risorse prontamente disponibili può ridurre significativamente lo stress e migliorare la sicurezza.

Le autorità locali possono anche emettere avvisi o raccomandazioni riguardanti la sicurezza idrica dopo uno tsunami o un'alluvione. La contaminazione può verificarsi a causa di detriti, sostanze chimiche o traboccamento di liquami, causando malattie trasmesse dall'acqua. Seguire le linee guida ufficiali sulla sicurezza dell'acqua potabile e sulle pratiche igienico-sanitarie è fondamentale per prevenire rischi per la salute. Se l'acqua del rubinetto è ritenuta non sicura, avere una fornitura di acqua in bottiglia o sapere come purificare l'acqua utilizzando metodi di filtrazione o bollitura è essenziale per garantire l'idratazione e la salute generale.

Gli individui dovrebbero anche collaborare con le risorse della comunità, compresi gli uffici locali di gestione delle emergenze o le organizzazioni di volontariato, per rimanere informati sugli sforzi di recupero. Queste organizzazioni spesso forniscono indicazioni su come affrontare le conseguenze di un disastro, compreso l'accesso all'assistenza finanziaria, alle risorse abitative e al supporto per la salute mentale. La collaborazione con i vicini e i membri della comunità favorisce un senso di solidarietà e può migliorare l'efficacia delle iniziative di recupero.

Una volta passato il pericolo immediato e avviati gli sforzi di recupero, è importante rivalutare la preparazione personale e comunitaria per eventi futuri. Gli individui possono utilizzare questa esperienza per identificare le aree di miglioramento nei loro piani di catastrofe. Condurre esercitazioni e praticare percorsi di evacuazione garantisce che tutti i membri della famiglia sappiano cosa fare in caso di un altro terremoto o tsunami. L'aggiornamento degli elenchi di contatti, dei piani di emergenza e dei kit per le catastrofi sulla base delle lezioni apprese può migliorare significativamente la resilienza per eventi futuri.

Le comunità possono trarre vantaggio dall'impegno in attività collettive di preparazione. L'organizzazione di seminari sulla preparazione alle catastrofi, la creazione di squadre di risposta della comunità e la partecipazione a esercitazioni locali rafforzano la preparazione generale. Coinvolgere scuole, imprese e organizzazioni locali in queste iniziative può promuovere una cultura di preparazione che si estende oltre le singole famiglie.

Per coloro che potrebbero aver subito perdite o traumi significativi a causa di un terremoto o di uno tsunami, l'accesso alle risorse per la salute mentale è vitale.

Gruppi di sostegno, servizi di consulenza e programmi di sensibilizzazione della comunità possono fornire assistenza e aiutare le persone a elaborare le proprie esperienze. Incoraggiare conversazioni aperte sulla salute mentale all'interno delle comunità può ridurre lo stigma e creare un ambiente favorevole alla guarigione.

Man mano che il processo di ripresa si svolge, è essenziale sostenere il miglioramento delle infrastrutture e delle misure di resilienza all'interno della comunità. Il dialogo con i rappresentanti del governo locale e la partecipazione alle riunioni comunali possono amplificare la necessità di investimenti in strutture resistenti ai disastri, migliori servizi di emergenza e programmi di preparazione della comunità. La collaborazione con urbanisti e professionisti della gestione delle emergenze può migliorare la sicurezza generale e la resilienza contro futuri disastri.

Capitolo 6

PREPARARSI AGLI URAGANI, TORNADO E TEMPESTE

Piani di evacuazione e rifugio in caso di uragano

Lo sviluppo di un efficace piano di evacuazione in caso di uragano è fondamentale per garantire la sicurezza degli individui e delle famiglie di fronte alle tempeste imminenti. Gli uragani possono portare venti pericolosi, forti piogge e inondazioni, rendendo essenziale prepararsi con largo anticipo. Un piano di evacuazione completo comprende l'identificazione di percorsi sicuri, la messa in sicurezza delle proprietà, la disponibilità di forniture di emergenza e la comprensione del ruolo dei rifugi comunitari e dei tempi delle evacuazioni.

Il primo passo per creare un piano di evacuazione efficace in caso di uragani è valutare il rischio e comprendere i pericoli specifici associati agli uragani nella propria zona. Ciò include essere a conoscenza delle zone di evacuazione designate dalle autorità locali e identificare se la tua casa si trova in un'area a rischio di inondazioni. Molte comunità dispongono di mappe che delineano queste zone, aiutando i residenti a determinare quando evacuare in base alla gravità della tempesta in arrivo.

Una volta identificati i rischi, il passo successivo è stabilire percorsi di evacuazione sicuri. Ciò comporta l'identificazione di più percorsi per garantire la sicurezza, anche se un percorso viene bloccato a causa di allagamenti o detriti. È consigliabile tracciare questi percorsi in anticipo, considerando fattori quali la struttura del traffico, le condizioni stradali e la distanza dalla destinazione prescelta. Le autostrade possono diventare congestionate durante un'evacuazione, quindi è essenziale disporre di percorsi alternativi.

Inoltre, è importante rimanere aggiornati sui bollettini del traffico locale e sulle condizioni meteorologiche man mano che l'uragano si avvicina. Molte comunità offrono aggiornamenti in tempo reale sulle condizioni stradali e sui percorsi di evacuazione, fornendo informazioni preziose ai residenti mentre si preparano a partire. Familiarizzare con queste risorse può farti risparmiare tempo e ridurre lo stress durante il processo di evacuazione.

La scelta di un rifugio sicuro è una componente fondamentale del tuo piano di evacuazione. Sono disponibili diverse opzioni, inclusi rifugi comunitari, hotel e alloggi con amici o familiari fuori dal percorso della tempesta. I rifugi comunitari sono generalmente allestiti dalle agenzie locali di gestione delle emergenze e possono offrire servizi di base come cibo, acqua e assistenza medica. Tuttavia, possono diventare affollati ed è essenziale sapere in anticipo dove si trovano questi rifugi e quale è la loro capienza.

Se consideri un hotel o soggiorni presso parenti, effettua la prenotazione il prima possibile. Molte persone evacuano in previsione degli uragani, il che porta ad una forte domanda di alloggi. Cerca le aree vicine che hanno meno probabilità di essere colpite dalla tempesta e identifica hotel o alloggi adatti che possano ospitare la tua famiglia.

Creare una borsa da viaggio completa è un passo fondamentale nella preparazione agli uragani. Questa borsa dovrebbe contenere gli oggetti essenziali di cui potresti aver bisogno durante un'evacuazione o all'indomani di una tempesta. Articoli importanti da includere sono cibo non deperibile, acqua in bottiglia, farmaci, prodotti per l'igiene personale e tutti i documenti necessari, come documenti d'identità e assicurativi. Inoltre, valuta la possibilità di includere una torcia elettrica, batterie, un kit di pronto soccorso e qualsiasi oggetto speciale per bambini o animali domestici.

È fondamentale avere i documenti personali in un luogo facilmente accessibile. Si consiglia di conservarli in contenitori impermeabili per proteggerli da potenziali allagamenti. Avere copie di documenti critici può accelerare i processi di recupero dopo la tempesta, comprese le richieste di indennizzo assicurativo e la verifica dell'identità.

Proteggere la tua proprietà prima dell'evacuazione è un altro elemento cruciale della preparazione agli uragani. Ciò comporta l'adozione di misure per ridurre al minimo i danni alla casa e agli effetti personali durante la tempesta. Innanzitutto, assicurati che tutte le finestre e le porte siano adeguatamente protette. Installa persiane anti-tempesta o usa del compensato per chiudere le finestre, poiché ciò può impedire che il vetro si frantumi e causi lesioni durante i venti forti. Se non disponi di persiane anti-tempesta, valuta la possibilità di acquistarle o di avere materiali a portata di mano per creare barriere improvvisate.

È anche importante proteggere i mobili da esterno, le decorazioni e altri oggetti che potrebbero diventare proiettili in caso di forte vento. Porta dentro o fissa oggetti come mobili da giardino, attrezzi da giardino e piante in vaso. Se vivi in una zona soggetta a inondazioni, sposta tutti i veicoli su un terreno più elevato e, se possibile, valuta la possibilità di metterli in un garage o in un'area riparata.

Prima di partire, ispeziona la tua proprietà per potenziali pericoli. Taglia i rami sporgenti e rimuovi eventuali detriti dalle grondaie o dagli scarichi che potrebbero ostruire il flusso dell'acqua. Eliminare i canali di scolo può aiutare a ridurre il rischio di inondazioni e accumulo di acqua intorno alla proprietà.

Durante l'evacuazione, prestare attenzione ai tempi. Le autorità locali in genere emettono ordini di evacuazione in base alla gravità prevista dell'uragano. Comprendere la differenza tra ordini di evacuazione obbligatoria e volontaria è fondamentale. Un'evacuazione obbligatoria significa che le autorità richiedono ai residenti di andarsene, mentre un'evacuazione volontaria è una raccomandazione che potrebbe non essere applicata. In entrambi i casi, è consigliabile partire presto, soprattutto se vivi in una zona soggetta a inondazioni o in una zona in cui si prevede che si verifichino gravi impatti a causa della tempesta.

I tempi delle evacuazioni possono influenzare notevolmente la sicurezza. Partire troppo tardi può provocare una forte congestione del traffico e un aumento del pericolo in caso di peggioramento delle condizioni. Le autorità spesso forniscono raccomandazioni su quando evacuare in base al previsto approdo dell'uragano e ai potenziali impatti. Prestare attenzione agli annunci delle agenzie locali di gestione delle emergenze e seguire attentamente le loro indicazioni.

La comunicazione gioca un ruolo importante nel processo di evacuazione. Stabilire un piano di comunicazione familiare garantisce che tutti sappiano come raggiungersi durante un'emergenza. Designare un luogo di incontro in cui i membri della famiglia possano riunirsi se separati durante l'evacuazione. È consigliabile disporre di un metodo di comunicazione di riserva, ad esempio un contatto designato fuori città, nel caso in cui le antenne cellulari locali vengano sovraccaricate o danneggiate.

Oltre alla preparazione individuale, i rifugi comunitari svolgono un ruolo fondamentale nel garantire la sicurezza dei residenti durante un uragano. Questi rifugi sono generalmente allestiti in scuole, centri comunitari o altri edifici pubblici e sono attrezzati per ospitare persone che potrebbero non avere accesso ad alloggi sicuri. Comprendere in anticipo il processo di registrazione di un rifugio può facilitare un'esperienza di evacuazione più agevole.

I rifugi possono avere linee guida specifiche su cosa portare ed essere consapevoli di questi requisiti può aiutarti a fare le valigie in modo appropriato. Molti rifugi non accettano borse di grandi dimensioni o animali domestici, quindi conoscere in anticipo le normative può ridurre lo stress durante l'evacuazione. Alcune comunità offrono rifugi in cui sono ammessi gli animali domestici o accettano animali domestici in aree designate, quindi controlla in anticipo se hai animali che ti accompagneranno.

Dopo che la tempesta è passata, è importante rimanere informati sulle condizioni locali. Segui le notizie e presta attenzione a qualsiasi ulteriore avviso o avviso emesso dalle autorità locali. Valutare i danni alla proprietà e determinare quando è sicuro tornare a casa dovrebbe essere fatto con attenzione. Dopo un uragano, potrebbero verificarsi pericoli come linee elettriche abbattute, strutture instabili e inondazioni che possono comportare rischi significativi per la salute e la sicurezza.

Adottare un approccio proattivo alla preparazione agli uragani, compreso lo sviluppo di un piano di evacuazione dettagliato, garantisce la sicurezza e il benessere degli individui e delle famiglie durante tali crisi. Preparandosi in anticipo, i residenti possono ridurre al minimo i rischi, proteggere le loro proprietà e rispondere efficacemente agli uragani quando si verificano. L'impegno in iniziative di preparazione della comunità promuove una cultura di sicurezza e resilienza, aiutando in definitiva gli individui e le famiglie ad affrontare meglio le sfide poste dagli uragani e da altri disastri naturali.

Suggerimenti per la sicurezza dei tornado e protocolli di emergenza

Prepararsi e rimanere al sicuro durante i tornado è fondamentale a causa della loro natura imprevedibile e dei danni significativi che possono causare. I tornado possono colpire con poco preavviso, rendendo essenziale per gli individui e le comunità disporre di piani di preparazione efficaci. Comprendere le azioni da intraprendere prima, durante e dopo un tornado può aiutare a ridurre i rischi e migliorare la sicurezza di tutte le persone coinvolte.

Prima che si verifichi un tornado, è essenziale rimanere informati e consapevoli delle condizioni meteorologiche nella propria zona. Tenere d'occhio i canali di notizie locali, le app meteo e la radio meteorologica NOAA può fornire preziosi aggiornamenti su avvisi e avvisi di maltempo. Un avviso di tornado indica che le condizioni sono favorevoli alla formazione di tornado, mentre un avviso di tornado significa che un tornado è stato individuato o indicato dal radar nella tua zona. Quando viene emesso un avviso è necessaria un'azione immediata.

Garantire la proprietà in anticipo è un passo cruciale nella preparazione ai tornado. Ciò include rinforzare la tua casa e prendere precauzioni per ridurre al minimo i danni durante un tornado. Ispezionare la tua proprietà per potenziali pericoli è vitale. Rimuovere o proteggere eventuali oggetti sciolti all'esterno che potrebbero diventare proiettili in caso di vento forte, come mobili da giardino, attrezzi da giardino o decorazioni. Questi oggetti possono causare gravi danni alla tua proprietà e alle strutture vicine se lanciati da forti venti.

Se vivi in una zona soggetta a tornado, considera di investire in una stanza sicura o in un rifugio anti-tempesta. Una stanza sicura è uno spazio fortificato all'interno della tua casa progettato per resistere ai forti venti e ai detriti associati ai tornado. Dovrebbe essere posizionato in una stanza interna al piano più basso della casa, lontano da finestre e porte. I rifugi anti-tempesta possono anche essere costruiti fuori casa, fornendo un luogo sicuro dove recarsi durante un tornado. Quando si progetta o si costruisce una stanza sicura, è importante consultare i regolamenti edilizi e le linee guida locali per garantire che soddisfi gli standard di sicurezza.

La creazione di un piano di emergenza familiare è una componente essenziale della preparazione ai tornado. Questo piano dovrebbe includere punti di incontro designati e metodi di comunicazione per i membri della famiglia nel caso in cui si separino durante un tornado. È essenziale stabilire un contatto fuori città che i membri della famiglia possano raggiungere se le linee telefoniche locali sono congestionate. La pratica regolare di questo piano garantisce che tutti sappiano cosa fare quando viene emesso un avviso di tornado.

Anche le scuole e i luoghi di lavoro dovrebbero disporre di piani di preparazione ai tornado. Ciò include la designazione di aree sicure in cui le persone possono riunirsi durante un tornado, come scantinati, stanze interne o corridoi senza finestre. Le scuole dovrebbero condurre esercitazioni regolari sui tornado per familiarizzare gli studenti e il personale con i protocolli di emergenza. Queste esercitazioni aiutano a rafforzare l'importanza di rispondere in modo rapido e sicuro durante un vero evento di tornado.

Anche educare i dipendenti sul piano tornado sul posto di lavoro è fondamentale. I datori di lavoro dovrebbero fornire informazioni sulle aree sicure designate, sull'importanza di mantenere la calma e sulle procedure da seguire durante un avviso di tornado. Fornire un facile accesso agli avvisi meteo tramite smartphone o sistemi di comunicazione aziendale può aiutare a garantire che i dipendenti ricevano aggiornamenti tempestivi sulle condizioni meteorologiche avverse.

Durante un tornado la prima azione da compiere è cercare subito riparo. Se sei in casa, spostati in un'area sicura designata, come un seminterrato, un rifugio anti-tempesta o una stanza interna al piano più basso, lontano da finestre e porte. Rimanere basso a terra e proteggere la testa e il collo sono essenziali. L'uso di mobili robusti, come un tavolo pesante, può fornire una certa protezione dai detriti volanti. Se non è disponibile un'area sicura, sdraiarsi in una zona bassa, come un fossato, può essere una misura temporanea, ma è necessaria cautela a causa di potenziali allagamenti o detriti.

Evitare le finestre è fondamentale durante un tornado. I forti venti possono frantumare il vetro, creando un ambiente pericoloso con schegge volanti che possono causare gravi lesioni. Se sei a bordo di un veicolo e si sta avvicinando un tornado, non cercare di superarlo. Cerca invece rifugio in un edificio robusto, se possibile. Se non è disponibile un edificio, sdraiati in una zona bassa, proteggendo la testa e il collo con le braccia.

Rimanere informati durante un tornado è essenziale. Tieni una radio meteorologica NOAA alimentata a batteria nelle vicinanze per ricevere aggiornamenti e avvisi in tempo reale. I dispositivi mobili possono essere utilizzati anche per monitorare le app meteo per gli aggiornamenti sulle condizioni meteorologiche avverse. I servizi di emergenza forniranno informazioni sul percorso del tornado e istruzioni di sicurezza e seguire questi aggiornamenti può aiutarti a rimanere al sicuro.

Dopo che il tornado è passato, è fondamentale rimanere cauti e valutare la situazione. Prendetevi del tempo per verificare la presenza di infortuni e fornire il primo soccorso se necessario. Evitare di entrare negli edifici danneggiati finché le autorità non li hanno ritenuti sicuri, poiché i danni strutturali potrebbero non essere immediatamente evidenti. Ispeziona la tua proprietà per individuare eventuali pericoli quali linee elettriche abbattute, perdite di gas e strutture instabili. Se si sospetta una fuga di gas, evacuare immediatamente la zona e contattare i servizi di emergenza.

Documentare i danni alla proprietà è importante per le richieste di indennizzo assicurativo. Scatta foto di eventuali danni alla tua proprietà, ai tuoi veicoli e ai tuoi effetti personali. Conserva le ricevute di eventuali riparazioni o sistemazioni temporanee necessarie dopo la tempesta. Questa documentazione sarà utile durante la presentazione di reclami e la richiesta di assistenza.

Anche la preparazione della comunità è un fattore importante per la sicurezza contro i tornado. Le agenzie locali di gestione delle emergenze dovrebbero fornire risorse e formazione ai residenti sulla preparazione ai tornado. Il coinvolgimento in esercitazioni comunitarie e programmi educativi aiuta ad aumentare la consapevolezza e garantisce che le persone comprendano i rischi e le azioni necessarie da intraprendere durante un tornado.

L'accesso ai rifugi di emergenza nella tua comunità può fornire un rifugio sicuro durante i tornado. Questi rifugi dovrebbero essere dotati di forniture, tra cui cibo, acqua, forniture mediche e informazioni sulle risorse locali. Conoscere l'ubicazione dei rifugi comunitari e come accedervi può garantire tranquillità durante eventi meteorologici gravi.

Tenere un kit di emergenza a portata di mano è essenziale anche per prepararsi ai tornado. Questo kit dovrebbe includere cibo non deperibile, acqua in bottiglia, una torcia elettrica, batterie, un kit di pronto soccorso e tutti i farmaci necessari. Avere queste forniture prontamente disponibili ti garantisce di poter sostenere te stesso e la tua famiglia nel periodo immediatamente successivo a un tornado.

Prepararsi ai tornado implica anche educare te stesso e la tua famiglia sulla sicurezza dei tornado. Imparare come si formano i tornado, riconoscere i segnali di pericolo e comprendere i rischi associati al maltempo può aiutare tutti a rimanere vigili e preparati. Questa conoscenza consente alle famiglie di rispondere con calma ed efficacia durante un evento tornado.

Il coinvolgimento della comunità nella preparazione ai tornado può anche rafforzare la sicurezza generale. I gruppi di quartiere possono stabilire reti di comunicazione per condividere avvisi meteorologici e informazioni sulla sicurezza. Lavorare insieme per sviluppare piani di risposta può migliorare la resilienza della comunità e garantire che tutti siano consapevoli delle procedure da seguire durante un tornado.

In conclusione, prepararsi e rimanere al sicuro durante i tornado richiede un approccio proattivo che coinvolga la preparazione individuale, il coinvolgimento della comunità e protocolli di emergenza efficaci. Rimanendo informati sulle condizioni meteorologiche, proteggendo le proprietà, sviluppando piani di emergenza ed educando te stesso e la tua famiglia, i rischi associati ai tornado possono essere significativamente ridotti. La combinazione di responsabilità personale e coinvolgimento della comunità promuove un ambiente più sicuro per tutti gli individui nelle aree soggette a tornado. Attraverso la preparazione e la consapevolezza, le famiglie e le comunità possono affrontare le sfide poste dai tornado, garantendo in definitiva la sicurezza e riducendo al minimo i danni durante eventi meteorologici così gravi.

Resistere a forti tempeste in sicurezza

Forti temporali possono causare danni significativi, portare a interruzioni di corrente e minacciare la sicurezza personale. Capire come prepararsi a forti venti e forti piogge, nonché conoscere le azioni appropriate da intraprendere durante una tempesta, è essenziale per garantire la sicurezza e ridurre al minimo i rischi. L'adozione di misure proattive può proteggere vite umane, proprietà e la comunità nel suo insieme.

La preparazione è fondamentale quando si tratta di proteggere la propria casa da forti tempeste. Inizia valutando la tua proprietà e identificando le vulnerabilità che potrebbero essere esacerbate da forti venti o forti piogge. Garantire che la tua casa sia ben mantenuta può mitigare in modo significativo il rischio di danni causati dalla tempesta. Ispeziona il tuo tetto per individuare eventuali tegole mancanti o danneggiate e ripara eventuali problemi prima che inizi la stagione dei temporali. Un tetto robusto può resistere a forti venti e ridurre le possibilità che l'acqua entri in casa durante forti piogge.

È inoltre fondamentale controllare le grondaie e i pluviali. Pulisci eventuali detriti per evitare ristagni d'acqua, che potrebbero causare perdite o allagamenti in casa. Assicurati che i pluviali dirigano l'acqua ad almeno sei piedi di distanza dalle fondamenta per evitare ristagni attorno alla base della tua casa. L'accumulo di acqua può causare erosione e indebolire l'integrità strutturale della tua casa.

Per le case con alberi o grandi arbusti, valutarne lo stato di salute e la vicinanza alla casa. Taglia i rami che potrebbero cadere durante un temporale, soprattutto quelli morti o indeboliti. In alcuni casi, potrebbe essere necessario rimuovere gli alberi che rappresentano un rischio per la casa o le strutture vicine. Un cantiere ben mantenuto può ridurre significativamente la probabilità di danni causati dalla caduta di detriti in caso di maltempo.

La messa in sicurezza degli oggetti esterni è un altro aspetto critico della preparazione alla tempesta. Il vento può trasformare gli oggetti sciolti in proiettili pericolosi, causando danni significativi alla tua casa e alle proprietà circostanti. Porta dentro o metti al sicuro mobili, decorazioni o attrezzature da esterno che potrebbero essere portate via da forti venti. Ciò include mobili da giardino, ombrelloni, fioriere e attrezzi da giardino. Se non è possibile portare gli oggetti all'interno, prendere in considerazione l'utilizzo di pesi o legature per fissarli.

Investire in persiane anti-tempesta o finestre resistenti agli urti può fornire un ulteriore livello di protezione contro venti forti e detriti volanti. Le persiane anti-tempesta possono essere installate su finestre e porte, mentre il vetro resistente agli urti può resistere a condizioni atmosferiche estreme senza rompersi. Queste misure aiutano a impedire l'ingresso di acqua in casa e proteggono da potenziali lesioni causate da vetri rotti.

Oltre a rinforzare la tua casa, creare un kit di emergenza è un passo fondamentale nella preparazione alla tempesta. Questo kit dovrebbe includere forniture essenziali che possano sostenere te e la tua famiglia durante un temporale o un'interruzione di corrente. Includi articoli come cibo non deperibile, acqua in bottiglia, una torcia con batterie extra, un kit di pronto soccorso, i farmaci necessari e documenti importanti.

Avere queste forniture prontamente disponibili ti garantisce di poter gestire in caso di interruzione di corrente o situazione di emergenza.

Il monitoraggio dei bollettini meteorologici e degli avvisi di emergenza è fondamentale durante la stagione dei temporali. Tenersi al passo con le previsioni locali può aiutarti a rimanere informato sull'imminente maltempo. Utilizza fonti affidabili come canali di notizie locali, siti Web meteo o app mobili che forniscono avvisi e aggiornamenti tempestivi. In alcune aree, la radio meteorologica NOAA trasmette informazioni meteorologiche in tempo reale e avvisi di emergenza. Queste risorse possono aiutarti a prendere decisioni informate su quando rifugiarsi o evacuare se necessario.

È anche importante comprendere le differenze tra gli orologi meteorologici e gli avvisi. Un avviso meteorologico indica che le condizioni sono favorevoli allo sviluppo di maltempo, mentre un avviso indica che il maltempo è imminente o si sta verificando. Essere consapevoli di questi avvisi può aiutarti a intraprendere le azioni appropriate per proteggere te stesso e la tua proprietà.

Durante i forti temporali, restare in casa è fondamentale per la tua sicurezza. Cerca rifugio in un'area sicura della tua casa, preferibilmente lontano da finestre e porte. Se hai un seminterrato, quello è il posto più sicuro dove stare durante un temporale. Se non è disponibile un seminterrato, scegli una stanza interna al piano più basso, come un bagno o un ripostiglio. Questi spazi forniscono una migliore protezione dai venti forti e dai detriti volanti rispetto ai piani superiori.

Se ti trovi in un edificio a più piani, evita gli ascensori durante le giornate avverse. Utilizza invece le scale per accedere a un luogo più sicuro. Se ti trovi in una casa mobile, valuta la possibilità di trasferirti in una struttura più sicura, poiché le case mobili sono più vulnerabili ai danni causati dal vento. Se c'è un allarme di tempesta significativo, potrebbe essere meglio cercare rifugio a casa di un amico o di un vicino che è più sicuro.

Oltre a proteggerti in casa, è fondamentale garantire che la tua famiglia sia tenuta in considerazione. Stabilire un piano di comunicazione per verificare con i membri della famiglia, soprattutto se si trovano in luoghi diversi. Designare un luogo di incontro specifico in caso di emergenza e incoraggiare i membri della famiglia ad avere un piano di riserva nel caso in cui il servizio cellulare venga interrotto.

Durante un'interruzione di corrente causata da forti temporali, è essenziale mantenere la calma e adottare misure per garantire la sicurezza. In caso di interruzione della corrente, spegnere immediatamente e scollegare i principali elettrodomestici ed apparecchi elettronici. Ciò previene potenziali danni dovuti a sbalzi di tensione quando l'elettricità viene ripristinata. Lasciare una luce accesa per indicare quando l'alimentazione è stata ripristinata.

L'utilizzo di fonti di luce alternative, come torce elettriche, candele o lanterne a batteria, può fornire illuminazione durante un'interruzione di corrente. Tuttavia, prestare attenzione con le candele per evitare rischi di incendio. Si consiglia di avere una scorta di batterie per torce elettriche e altri dispositivi nel kit di emergenza per assicurarsi di essere preparati per interruzioni prolungate.

Se l'interruzione dura per un periodo prolungato, valuta come mantenere al sicuro gli alimenti deperibili. Il frigorifero in genere può mantenere il cibo a una temperatura sicura per circa quattro ore senza alimentazione. Tenere le porte del frigorifero e del congelatore chiuse il più possibile per mantenere la temperatura fredda. Per le interruzioni di corrente a lungo termine, prendere in considerazione la preparazione di pasti che non richiedono refrigerazione o l'utilizzo di prodotti in scatola che possono essere consumati senza cottura.

Rimanere informati sull'interruzione di corrente è essenziale. Utilizza una radio a batteria o il tuo dispositivo mobile per ricevere aggiornamenti dalle autorità locali o dalle società di servizi pubblici sullo stato dell'interruzione e sugli interventi di ripristino. I servizi di emergenza forniranno informazioni sulla durata prevista dell'interruzione e sulle eventuali precauzioni di sicurezza necessarie.

Se disponi di un generatore, assicurati che sia installato e mantenuto correttamente. Seguire le istruzioni del produttore per un funzionamento sicuro e non utilizzare mai un generatore in ambienti chiusi, poiché produce monossido di carbonio. Posizionarlo ad almeno 20 piedi di distanza da finestre e porte per ridurre al minimo il rischio di avvelenamento da monossido di carbonio. Fare scorta di carburante per il generatore e conservarlo in modo sicuro secondo le normative locali.

Mentre aspetti che la tempesta passi, mantieni un senso di calma e concentrati sulla sicurezza. Evita rischi inutili, come tentare di uscire per valutare i danni durante il culmine della tempesta. Rimani invece informato monitorando gli avvisi e gli aggiornamenti di emergenza. Ascoltare la radio o controllare le app meteo può aiutarti a capire quando è sicuro uscire.

Una volta passata la tempesta, procedere con cautela. Valuta eventuali danni alla tua proprietà da una distanza di sicurezza prima di avventurarti all'esterno. Cerca pericoli come linee elettriche abbattute, detriti taglienti o strutture instabili. Se incontri linee elettriche abbattute, non avvicinarti. Segnalateli invece immediatamente alla vostra società di servizi pubblici. Anche se una linea elettrica sembra inattiva, è essenziale trattarla come se fosse attiva, poiché potrebbe comunque rappresentare un rischio significativo.

Se la tua casa ha subito danni, documentalo accuratamente a fini assicurativi. Scatta foto o video del danno e crea un inventario dettagliato degli articoli interessati. Queste informazioni saranno utili quando si presentano richieste di risarcimento o si richiede assistenza alle organizzazioni locali di soccorso in caso di catastrofe. Dai la priorità alla protezione della tua proprietà da ulteriori danni, come l'utilizzo di teloni o assi per coprire finestre o tetti rotti fino a quando non sarà possibile effettuare riparazioni professionali.

Tieniti informato sulle risorse della comunità disponibili per il recupero dalla tempesta. Le agenzie governative locali e le organizzazioni no-profit spesso forniscono assistenza alle persone colpite da condizioni meteorologiche avverse. Ciò può includere alloggio temporaneo, assistenza alimentare e accesso alle cure mediche. Acquisisci familiarità con le risorse locali e le informazioni di contatto prima che si verifichi una tempesta per assicurarti di sapere a chi rivolgerti per chiedere aiuto se necessario.

Inoltre, partecipa a conversazioni con i tuoi vicini sulla preparazione alla tempesta e sugli sforzi di recupero. La condivisione di informazioni e risorse può rafforzare la resilienza della comunità. Partecipare a riunioni o forum di quartiere per discutere strategie di preparazione e sviluppare un piano di risposta della comunità che possa essere attivato durante forti temporali.

Capitolo 7

GESTIONE DELLE INONDAZIONI E DEGLI INCENDI

Misure preventive per le aree soggette ad alluvioni

Le inondazioni rappresentano un rischio significativo per gli individui e le comunità, in particolare nelle aree soggette a forti piogge, mareggiate o innalzamento del livello dei fiumi. L'impatto delle inondazioni può portare a ingenti danni materiali, perdita di vite umane e difficoltà economiche a lungo termine. Per mitigare questi rischi, è essenziale che gli individui e le comunità adottino misure preventive che possano aiutare a ridurre la probabilità e la gravità delle inondazioni. Ciò comporta un approccio articolato che include il miglioramento dei sistemi di drenaggio, il miglioramento dei servizi critici, l'implementazione di barriere contro le inondazioni e la preparazione finanziaria per potenziali danni attraverso assicurazioni e altre strategie finanziarie.

Il miglioramento dei sistemi di drenaggio è una misura preventiva fondamentale che può ridurre significativamente i rischi di alluvioni. Un drenaggio adeguato consente di convogliare l'acqua piovana in eccesso lontano dalle aree vulnerabili, riducendo al minimo le possibilità di inondazioni. Una strategia efficace è quella di valutare e aggiornare i sistemi di drenaggio delle acque piovane esistenti. Le comunità dovrebbero condurre valutazioni periodiche delle proprie infrastrutture di drenaggio per identificare le aree in cui sono necessari miglioramenti. Ciò include la rimozione dei detriti da grondaie, scarichi e canali sotterranei, poiché i sistemi intasati possono portare al ristagno dell'acqua e alle inondazioni.

Incorporare le infrastrutture verdi è un altro approccio innovativo per migliorare il drenaggio. Tetti verdi, pavimentazioni permeabili e giardini pluviali consentono di assorbire e gestire l'acqua piovana in modo naturale. Queste caratteristiche possono aiutare a ridurre il deflusso, alleviare la pressione sui sistemi di drenaggio e migliorare la qualità dell'acqua filtrando gli inquinanti. Piantare alberi e vegetazione nelle aree soggette a inondazioni può anche aiutare ad assorbire l'acqua piovana e prevenire l'erosione del suolo, contribuendo ulteriormente alla riduzione del rischio di inondazioni.

Le comunità possono implementare regolamenti di zonizzazione che impediscano la costruzione di nuovi sviluppi in aree soggette a inondazioni. Limitando lo sviluppo in queste regioni, i governi locali possono proteggere gli ecosistemi vulnerabili e ridurre il rischio complessivo di inondazioni. Anche incoraggiare una pianificazione responsabile dell'uso del territorio, come la preservazione delle zone umide e delle pianure alluvionali, può aiutare ad assorbire l'acqua in eccesso e mitigare le inondazioni.

L'innalzamento del livello dei servizi pubblici critici è una misura essenziale in grado di proteggere le infrastrutture e i servizi durante gli eventi alluvionali. I servizi pubblici come gli impianti elettrici, le linee del gas e l'approvvigionamento idrico devono essere posizionati strategicamente per ridurre al minimo la loro vulnerabilità alle inondazioni. I proprietari di case e le imprese nelle aree soggette a inondazioni dovrebbero prendere in considerazione l'idea di aumentare i collegamenti dei servizi pubblici al di sopra dei livelli di inondazione previsti. Ciò può comportare il sollevamento di quadri elettrici, scaldabagni e sistemi HVAC per ridurre il rischio di danni e interruzioni del servizio durante un'alluvione.

Inoltre, le comunità possono istituire sistemi energetici di riserva per garantire che i servizi essenziali rimangano operativi durante le inondazioni. L'installazione di generatori in strutture critiche, come ospedali e centri di risposta alle emergenze, può fornire energia durante le interruzioni, consentendo il funzionamento e il supporto continui durante i disastri. L'implementazione della ridondanza nei servizi critici può migliorare ulteriormente la resilienza alle inondazioni.

Le barriere anti-alluvione sono un altro componente fondamentale per la riduzione del rischio di alluvioni. Queste strutture possono variare da barriere temporanee ad argini permanenti e dighe progettate per reindirizzare o contenere le acque alluvionali. Le comunità soggette a inondazioni dovrebbero valutare i propri rischi specifici e attuare adeguate misure di controllo delle inondazioni. Barriere temporanee, come i sacchi di sabbia, possono essere implementate rapidamente prima di un'alluvione prevista, fornendo una protezione immediata. Tuttavia, queste misure richiedono il coordinamento e il coinvolgimento della comunità per essere efficaci.

Le misure permanenti di controllo delle inondazioni, come gli argini, possono fornire protezione a lungo termine contro le inondazioni. Queste strutture dovrebbero essere progettate sulla base della topografia locale, dell'idrologia e delle valutazioni del rischio di alluvioni. Le comunità possono collaborare con ingegneri e idrologi per sviluppare piani completi di gestione delle inondazioni che includano la costruzione e la manutenzione di queste barriere. La corretta manutenzione delle strutture di controllo delle inondazioni è fondamentale per garantirne l'efficacia durante gli eventi alluvionali.

Oltre alle barriere fisiche, la creazione di piani di risposta alle emergenze a livello comunitario è fondamentale per gestire i rischi di alluvioni. Questi piani dovrebbero delineare le procedure per l'evacuazione dei residenti, la comunicazione degli avvertimenti e il coordinamento con i servizi di emergenza. Lo svolgimento di esercitazioni periodiche e campagne di sensibilizzazione del pubblico può migliorare la preparazione e la risposta della comunità durante gli eventi di inondazione. Coinvolgere la comunità in questi sforzi promuove una cultura di preparazione, consentendo ai residenti di adottare misure proattive per salvaguardare se stessi e le loro proprietà.

L'assicurazione contro le alluvioni è una componente essenziale della preparazione finanziaria nelle aree soggette a inondazioni. Le polizze assicurative standard dei proprietari di case in genere non coprono i danni provocati dalle inondazioni, rendendo fondamentale per le persone cercare una copertura assicurativa specializzata contro le inondazioni. Il Programma nazionale di assicurazione contro le alluvioni (NFIP) offre polizze che forniscono protezione finanziaria contro le perdite legate alle inondazioni. I proprietari di case dovrebbero valutare il proprio rischio e determinare il livello appropriato di copertura in base al valore della loro proprietà e alla vulnerabilità alle inondazioni.

Quando si acquista un'assicurazione contro le alluvioni, gli individui dovrebbero considerare sia la copertura dell'edificio che quella dei contenuti. La copertura dell'edificio protegge la struttura stessa, mentre la copertura del contenuto salvaguarda gli effetti personali all'interno dell'abitazione. È essenziale comprendere i termini e le condizioni specifici delle polizze assicurative contro le alluvioni, comprese eventuali esclusioni o limitazioni. La revisione e l'aggiornamento periodici delle polizze assicurative garantiscono una protezione adeguata poiché i valori e i rischi della proprietà cambiano nel tempo.

La preparazione finanziaria implica anche la creazione di un fondo di emergenza per coprire le potenziali spese vive associate alle inondazioni. Questo fondo può aiutare le famiglie a gestire le spese per alloggi temporanei, riparazioni e sostituzione di oggetti danneggiati. Accantonare una parte del reddito specificatamente per le emergenze può garantire tranquillità e ridurre l'onere finanziario che le inondazioni potrebbero causare.

Oltre alla preparazione finanziaria individuale, le comunità possono sviluppare programmi per aiutare i residenti a mitigare i rischi di alluvioni. Ciò può includere l'offerta di prestiti a basso interesse o sovvenzioni per l'elevazione delle proprietà, misure di protezione dalle inondazioni o l'acquisto di un'assicurazione contro le alluvioni. Fornire risorse educative sulla preparazione alle inondazioni può consentire ai residenti di adottare misure proattive per salvaguardare le loro case e le loro finanze. Workshop, opuscoli informativi e incontri comunitari possono fungere da piattaforme per condividere preziose conoscenze sui rischi di alluvioni e sulle misure preventive.

Coinvolgere le imprese e le organizzazioni locali negli sforzi di riduzione del rischio di alluvioni è un altro aspetto vitale della preparazione della comunità. Le imprese possono svolgere un ruolo cruciale nel sostenere la resilienza alle inondazioni implementando strategie per salvaguardare le proprie attività e i propri dipendenti. Ciò potrebbe comportare la creazione di piani di risposta alle emergenze, la conduzione di valutazioni del rischio e lo sviluppo di partenariati con agenzie governative locali per migliorare gli sforzi di gestione delle inondazioni a livello comunitario.

Poiché i cambiamenti climatici continuano a influenzare i modelli meteorologici, comprendere la natura in evoluzione dei rischi di alluvioni è fondamentale. Le comunità devono essere proattive nell'adattarsi a questi cambiamenti e nell'implementare misure in grado di affrontare la crescente frequenza e gravità degli eventi alluvionali. Condurre valutazioni periodiche del rischio e aggiornare i piani di gestione delle inondazioni sulla base di nuovi dati può aiutare le comunità a rimanere resilienti di fronte ai cambiamenti delle condizioni.

La collaborazione tra le parti interessate è essenziale per una gestione efficace del rischio di alluvioni. I governi locali, le organizzazioni comunitarie, le imprese e i residenti devono lavorare insieme per sviluppare strategie globali che affrontino le sfide uniche poste dalle inondazioni. La creazione di partenariati con agenzie regionali e federali può migliorare l'accesso alle risorse e alle competenze, consentendo alle comunità di attuare misure più efficaci per la riduzione del rischio di alluvioni.

Promuovere una cultura della consapevolezza e dell'educazione è fondamentale per favorire la preparazione tra i residenti. Scuole, centri comunitari e organizzazioni locali possono fungere da piattaforme per diffondere informazioni sui rischi di alluvioni, strategie di prevenzione e procedure di emergenza. Fornire formazione e risorse può consentire alle persone di adottare misure proattive per proteggere se stesse e le loro proprietà.

Un impegno costante negli sforzi di riduzione del rischio di alluvioni può creare un senso di resilienza nella comunità. Quando i residenti partecipano attivamente alle iniziative di preparazione, sviluppano una maggiore comprensione dei rischi che devono affrontare e delle misure che possono adottare per proteggersi. Questo sforzo collettivo promuove un senso di responsabilità e incoraggia le persone ad assumersi la responsabilità della propria sicurezza e del proprio benessere.

In definitiva, la riduzione dei rischi di alluvioni nelle aree a rischio richiede un approccio globale e articolato. Migliorando i sistemi di drenaggio, innalzando i servizi essenziali, implementando barriere contro le inondazioni e promuovendo la preparazione finanziaria attraverso assicurazioni e fondi di emergenza, gli individui e le comunità possono mitigare in modo significativo l'impatto delle inondazioni. La collaborazione continua, l'educazione e l'impegno proattivo rafforzeranno la resilienza della comunità e consentiranno ai residenti di affrontare le sfide poste dalle inondazioni in modo efficace.

Tattiche di sopravvivenza alle inondazioni: prima, durante e dopo

Le inondazioni rappresentano un rischio significativo per vite umane, proprietà e salute pubblica, rendendo necessarie tattiche di sopravvivenza efficaci per garantire la sicurezza prima, durante e dopo un tale evento. L'implementazione di adeguati preparativi pre-alluvione, il mantenimento della sicurezza durante un'alluvione e il rispetto delle linee guida per il recupero post-alluvione sono passaggi essenziali per ridurre al minimo i rischi e proteggere individui e comunità.

La preparazione a un'alluvione inizia con la comprensione dei rischi associati alla propria posizione geografica. Essere consapevoli delle aree soggette a inondazioni e delle potenziali fonti di inondazioni, come forti piogge, innalzamento dei fiumi o mareggiate, consente alle persone di pianificare in modo efficace. È fondamentale ottenere e rimanere informati sulle previsioni meteorologiche, sugli avvisi di inondazioni e sugli avvisi tramite notiziari locali, radio e app meteorologiche. Questa conoscenza consente ai residenti di rispondere tempestivamente in caso di emergenza.

La creazione di un piano di emergenza in caso di alluvioni è un aspetto vitale della preparazione. Questo piano dovrebbe includere l'identificazione di percorsi sicuri per l'evacuazione, nonché punti di incontro predeterminati per i membri della famiglia. Le persone dovrebbero sapere dove si trovano i rifugi locali e come accedervi durante un evento alluvionale. La pianificazione dovrebbe comportare anche la discussione delle strategie di comunicazione, in particolare come contattare familiari e amici in caso di separazione durante un'emergenza.

La messa al sicuro degli oggetti di valore è un'altra misura preparatoria essenziale. Gli individui dovrebbero dare la priorità allo spostamento di oggetti di valore, documenti importanti e oggetti personali su un terreno più elevato o alla loro conservazione in contenitori impermeabili. Ciò può includere documenti importanti come documenti di identità, polizze assicurative e cartelle cliniche. Creare un inventario dei beni può essere utile, non solo per gli sforzi di recupero ma anche per le richieste di indennizzo assicurativo in caso di danni.

Oltre a salvaguardare la proprietà personale, gli individui dovrebbero anche preparare le proprie case. Ciò include l'installazione di pompe di scarico negli scantinati per aiutare a rimuovere l'acqua in eccesso e il controllo che i sistemi di drenaggio della casa siano puliti e funzionanti. Se fattibile, i proprietari di casa possono prendere in considerazione misure di protezione dalle inondazioni, come sigillare i muri del seminterrato con composti impermeabilizzanti, utilizzare barriere antiallagamento e garantire che il drenaggio esterno sia adeguatamente diretto lontano dalle fondamenta. Elevare le prese elettriche, gli elettrodomestici e i sistemi HVAC al di sopra dei potenziali livelli di inondazione può prevenire danni e ridurre il rischio di pericoli elettrici.

La creazione di un kit di forniture di emergenza è fondamentale. Questo kit dovrebbe contenere articoli essenziali come cibo non deperibile, acqua in bottiglia, forniture di pronto soccorso, torce elettriche, batterie, un fischietto e i farmaci necessari. È consigliabile preparare scorte sufficienti per almeno tre giorni. Oltre alle cose di base, le persone potrebbero voler includere articoli per l'igiene personale, uno strumento multiuso e, se applicabile, eventuali forniture per animali domestici.

Durante un evento alluvionale, la sicurezza è fondamentale. Il primo passo è ascoltare gli aggiornamenti di emergenza tramite la radio locale, la televisione o gli avvisi sul cellulare. Se è stato emesso un avviso di inondazione, le persone dovrebbero agire rapidamente e con calma, seguendo il loro piano di emergenza. Se vi viene consigliato di evacuare, fatelo senza esitazione. Partire presto può aiutare a evitare ingorghi e garantire l'accesso a percorsi più sicuri. Ricorda, è essenziale evitare di guidare su strade allagate, poiché i livelli dell'acqua possono nascondere condizioni pericolose, tra cui detriti, doline e correnti veloci. Se una strada sembra allagata, è meglio tornare indietro e cercare un percorso alternativo.

Se intrappolati in un veicolo durante un'alluvione, gli individui dovrebbero abbandonare l'auto e cercare immediatamente un terreno più elevato. Le acque dell'alluvione possono salire rapidamente e la permanenza in un veicolo può portare a essere spazzati via. Se non è possibile raggiungere un terreno più elevato, cercare rifugio sul tetto del veicolo può fornire una certa sicurezza fino all'arrivo dei soccorsi. È fondamentale mantenere la calma, segnalare aiuto e attendere i soccorsi.

Una volta evacuato in sicurezza, evitare di tornare nell'area finché le autorità non lo avranno ritenuto sicuro. Le aree allagate possono comportare ulteriori rischi, come acqua contaminata, danni strutturali e pericoli nascosti come linee elettriche abbattute o detriti taglienti. Se si ritorna in una casa colpita dalle inondazioni, le persone devono procedere con cautela e indossare indumenti protettivi, inclusi guanti e stivali, per evitare lesioni.

La sicurezza post-alluvione richiede un'attenzione immediata ai rischi per la salute. La contaminazione dell'acqua è una preoccupazione significativa, poiché le acque alluvionali spesso trasportano batteri nocivi, sostanze chimiche e sostanze inquinanti. Evitare il contatto con l'acqua dell'alluvione quando possibile, soprattutto se appare fangosa o contiene detriti. Se è necessario guadare acque alluvionali, le persone devono coprire eventuali ferite aperte per prevenire infezioni e lavarsi accuratamente in seguito.

Prevenire le malattie trasmesse dall'acqua è fondamentale dopo un'alluvione. Si consiglia di far bollire l'acqua prima del consumo, poiché ciò può uccidere gli agenti patogeni dannosi. Se l'ebollizione non è possibile, l'uso di compresse o filtri per la purificazione dell'acqua può rappresentare un'alternativa. Gli individui dovrebbero anche essere cauti quando consumano cibo che potrebbe essere stato contaminato dalle acque alluvionali. Eliminare tutti gli oggetti deperibili che sono stati esposti all'acqua, compresi i prodotti in scatola che sono entrati in contatto con l'acqua delle inondazioni, poiché possono comportare rischi per la salute.

La muffa è un'altra preoccupazione comune dopo un'alluvione, che spesso si sviluppa in aree umide entro 24-48 ore. Le spore della muffa possono scatenare allergie e problemi respiratori, rendendo fondamentale intervenire tempestivamente nelle aree danneggiate dall'acqua. Se la muffa è visibile, è essenziale indossare indumenti protettivi, come maschere e guanti, durante la pulizia. Una corretta ventilazione è fondamentale quando si affronta la muffa, quindi l'apertura delle finestre e l'uso dei ventilatori possono aiutare a seccare le aree colpite.

In caso di infestazioni di muffe consistenti può essere necessaria una bonifica professionale. Questo processo prevede l'identificazione della fonte di umidità e la rimozione dei materiali ammuffiti. Si consiglia di consultare esperti di bonifica della muffa per garantire che la pulizia sia accurata e sicura.

La pulizia e la disinfezione delle aree colpite dalle inondazioni è fondamentale per prevenire rischi per la salute. Inizia rimuovendo i materiali bagnati come tappeti, tende e mobili, poiché possono ospitare muffe e batteri. Le superfici dure devono essere pulite con acqua e sapone e disinfettate utilizzando una soluzione di acqua e candeggina (una tazza di candeggina per cinque litri d'acqua). Durante la pulizia, garantire un'adeguata ventilazione e indossare indumenti protettivi per ridurre l'esposizione a sostanze nocive.

Dopo che le acque alluvionali si sono ritirate, valutare l'integrità strutturale degli edifici è fondamentale. Verificare la presenza di segni di danni come crepe nei muri, soffitti cadenti e fondamenta instabili. Se sono presenti problemi strutturali, evacuare l'edificio e cercare assistenza professionale prima di rientrare. È essenziale ottenere un'ispezione di sicurezza da parte delle autorità locali o dei professionisti per garantire che la struttura sia sicura per l'occupazione.

Il processo di recupero può comportare anche la presentazione di richieste di indennizzo assicurativo per i danni subiti durante l'alluvione. Le persone dovrebbero documentare i danni con fotografie e un inventario dettagliato degli articoli interessati. Contattare tempestivamente gli assicuratori e comprendere il processo di richiesta di risarcimento può facilitare gli sforzi di recupero e garantire un adeguato risarcimento delle perdite.

Le comunità spesso si mobilitano dopo un'alluvione per fornire supporto e risorse per la ripresa. Il coinvolgimento di organizzazioni locali, agenzie governative e volontari può offrire ulteriore assistenza negli sforzi di recupero. La partecipazione a iniziative di recupero della comunità può aiutare le persone ad accedere alle risorse, condividere esperienze e connettersi con altri che affrontano sfide simili.

Anche gli impatti psicologici a seguito di un'alluvione possono essere significativi. Lo stress derivante dall'esperienza di un evento alluvionale e dalla necessità di affrontare il recupero può portare ad ansia, depressione e altri problemi di salute mentale. Gli individui dovrebbero dare priorità al proprio benessere mentale cercando il sostegno di amici, familiari o professionisti della salute mentale. Partecipare a gruppi di supporto comunitario può favorire le connessioni e fornire una piattaforma per discutere le esperienze e le strategie di coping.

Sebbene le inondazioni possano avere effetti devastanti, la preparazione e le strategie di risposta efficaci possono ridurre significativamente i rischi e migliorare la sicurezza. Comprendere i rischi delle alluvioni, proteggere le proprietà, preparare piani di emergenza e sapere come rimanere al sicuro durante e dopo un'alluvione sono componenti vitali di tattiche efficaci di sopravvivenza alle inondazioni. L'impegno e il sostegno della comunità, combinati con la preparazione individuale, possono creare quartieri resilienti in grado di resistere alle sfide poste dalle inondazioni e promuovere una cultura di preparazione per eventi futuri.

Preparazione ed evacuazione in caso di incendi boschivi

La preparazione agli incendi richiede misure proattive per proteggere case, proprietà e vite umane. La natura imprevedibile degli incendi richiede una pianificazione globale, soprattutto nelle regioni soggette a tali disastri. La creazione di spazi difendibili attorno alle case, il mantenimento delle fasce tagliafuoco e lo sviluppo di un piano di evacuazione efficace sono passaggi cruciali nella preparazione agli incendi.

Creare uno spazio difendibile implica modificare il paesaggio intorno a una casa per ridurre il rischio di accensione da fiamme o calore radiante. Questo spazio dovrebbe estendersi per almeno 9 metri dalla casa, anche se nelle zone ad alto rischio sono consigliabili aree difendibili più estese. Questo spazio è diviso in diverse zone, ciascuna con linee guida specifiche per l'abbellimento e la manutenzione.

La prima zona, che in genere si estende da 0 a 5 piedi dalla casa, richiede le misure più rigorose. I materiali duri come ghiaia, pietra o cemento sono ideali per quest'area, poiché non si incendiano. Le piante dovrebbero essere limitate a quelle resistenti al fuoco e mantenute ben irrigate. Evitare l'uso di pacciame infiammabile, come legno triturato, che può facilmente prendere fuoco. La rimozione regolare di foglie morte, ramoscelli e altri detriti da questa zona è fondamentale per prevenire la propagazione del fuoco.

La seconda zona, che si estende da 5 a 30 piedi, consente più vegetazione ma richiede un'attenta selezione. Scegli piante a crescita bassa e resistenti al fuoco, distanziate per ridurre al minimo le possibilità che il fuoco salti dall'una all'altra. Gli alberi dovrebbero essere potati per rimuovere i rami più bassi che possono facilitare la propagazione dell'incendio. L'assottigliamento delle chiome degli alberi riduce anche il rischio che gli incendi si innalzino sulle cime degli alberi, noti come incendi della corona. Considera l'idea di incorporare in quest'area elementi esterni come percorsi e cortili, poiché possono fungere da barriere aggiuntive contro il fuoco.

La terza zona, che si estende da 30 a 100 piedi, è più indulgente per quanto riguarda la vegetazione. Tuttavia, è ancora essenziale mantenere un paesaggio sano. Incoraggiare alberi e arbusti a essere distanziati, riducendo il rischio di trasmissione del fuoco. La manutenzione regolare, compresa la rimozione della vegetazione morta o morente, è vitale. Se l'area è molto boscosa, valuta la possibilità di diradare gli alberi per aumentare la circolazione dell'aria e ridurre i carichi di carburante.

Il mantenimento delle fasce tagliafuoco è un altro elemento critico nella preparazione agli incendi. Le fasce tagliafuoco sono aree strategicamente sgombrate progettate per rallentare o arrestare la propagazione del fuoco. La creazione di fasce tagliafuoco comporta la rimozione di vegetazione e detriti infiammabili dalle aree circostanti le case o lungo i confini delle proprietà. Queste interruzioni possono essere costruite come barriere tagliafuoco naturali, utilizzando strade, sentieri o aree sgombrate, oppure come barriere tagliafuoco costruite, che vengono intenzionalmente ripulite dalla vegetazione.

La manutenzione regolare delle fasce tagliafuoco è essenziale per garantirne l'efficacia. Ciò include il monitoraggio della nuova crescita della vegetazione che può contribuire ad alimentare il fuoco e la rimozione di eventuali detriti caduti. In determinate situazioni, le comunità possono lavorare insieme per creare fasce tagliafuoco più grandi che forniscano una barriera protettiva per interi quartieri. Stabilire una comunicazione all'interno delle comunità sulla manutenzione delle fasce tagliafuoco può aiutare a garantire che queste aree critiche siano mantenute sgombre.

Lo sviluppo di un piano di evacuazione è essenziale per garantire la sicurezza quando minacciano incendi. Un piano di evacuazione dovrebbe delineare percorsi sicuri per lasciare l'area, designando percorsi alternativi nel caso in cui le vie primarie siano bloccate da incendi o detriti. Identificare luoghi specifici in cui i membri della famiglia possono incontrarsi se separati durante un'evacuazione. Garantire che tutti i membri della famiglia siano consapevoli del piano e siano esperti nella sua esecuzione può aiutare a ridurre il panico durante un'emergenza reale.

Capire quando evacuare è fondamentale. Spesso, le autorità locali emettono ordini di evacuazione quando le condizioni diventano pericolose e le persone dovrebbero rispondere tempestivamente a questi ordini. È consigliabile prepararsi all'evacuazione anche prima che venga emesso un ordine ufficiale, soprattutto se sono presenti condizioni come forti venti, clima secco o attività di incendi nelle vicinanze. Il monitoraggio delle notizie locali e dei bollettini meteorologici per gli aggiornamenti sull'attività degli incendi è essenziale per rimanere informati.

Nei giorni che precedono una prevista minaccia di incendi, le persone dovrebbero preparare le loro case per una potenziale evacuazione. Ciò include la protezione di oggetti esterni come mobili, griglie e decorazioni che possono diventare proiettili in caso di forte vento. Inoltre, chiudere finestre, prese d'aria e porte aiuta a ridurre il rischio che la brace entri in casa. Anche tenere chiuse le porte di garage, capannoni e altre strutture può aiutare a ridurre al minimo il rischio di propagazione dell'incendio.

La creazione di una borsa da viaggio per l'evacuazione è una misura proattiva per garantire che gli elementi essenziali siano facilmente accessibili. Una borsa da viaggio dovrebbe contenere gli oggetti necessari come documenti importanti (come documenti assicurativi, documenti d'identità e cartelle cliniche), farmaci, vestiti e articoli da toeletta di base. Includi oggetti personali come caricabatterie per cellulari e, se applicabile, forniture per animali domestici, come cibo, guinzagli e trasportini. Assicurarsi che questa borsa sia facilmente accessibile e che tutti i membri della famiglia siano consapevoli della sua posizione.

Quando è necessaria l'evacuazione, il tempo è essenziale. Andarsene presto può fare la differenza tra la sicurezza e l'essere sorpresi in condizioni pericolose. Le persone dovrebbero seguire percorsi di evacuazione designati ed evitare scorciatoie che potrebbero essere pericolose. Guidare attraverso aree in fiamme o in presenza di fumo può essere estremamente pericoloso. Seguire le istruzioni dei servizi di emergenza e delle forze dell'ordine è fondamentale.

Durante l'evacuazione è importante rimanere informati. Ascoltare le notizie locali o i canali ufficiali di emergenza può fornire aggiornamenti sulla situazione e guidare gli sforzi di evacuazione. Utilizza app e notifiche mobili per informazioni in tempo reale su chiusure stradali, stato degli incendi e posizioni dei rifugi. Rimanere in contatto con la famiglia e gli amici durante questo periodo può anche aiutare a tenere tutti informati sulla sicurezza e sui progressi dell'evacuazione.

Le misure di protezione della proprietà possono essere adottate anche prima dell'evacuazione. Se il tempo lo consente, le persone possono bagnare i tetti e la vegetazione circostante utilizzando tubi o irrigatori. Ciò può creare una barriera contro l'umidità che può aiutare a ridurre il rischio di incendio. Inoltre, dovrebbe essere data priorità alla rimozione di materiali combustibili, come cataste di legna da ardere o serbatoi di propano, da tutta la casa.

Dopo l'evacuazione è essenziale rimanere cauti e pazienti. Tornare a casa troppo presto può esporre le persone a rischi, tra cui incendi attivi, linee elettriche abbattute o strutture non sicure. Attendere il "tutto chiaro" ufficiale da parte delle autorità locali prima di tentare il ritorno.

Dopo il ritorno a casa è necessaria una valutazione approfondita dell'immobile. Cerca eventuali segni di danni da incendio, inclusa vegetazione bruciata o danni alla struttura. Se la casa è stata colpita, potrebbe richiedere un'ispezione e una riparazione professionale. Se l'area circostante la casa è stata gravemente bruciata, è essenziale monitorare eventuali problemi di erosione e deflusso dell'acqua, che possono comportare ulteriori rischi in seguito.

In seguito a un incendio, prestare attenzione ai potenziali pericoli come cenere e fuliggine, che possono influire sulla qualità dell'aria. Gli individui con patologie respiratorie dovrebbero adottare ulteriori precauzioni per evitare l'esposizione. Indossare maschere, tenere finestre e porte chiuse e utilizzare purificatori d'aria può aiutare a mitigare l'impatto di fumo e cenere.

Il coinvolgimento della comunità svolge un ruolo significativo nella preparazione agli incendi. Il coinvolgimento dei vigili del fuoco locali, la partecipazione alle riunioni della comunità e la partecipazione alle iniziative di pianificazione del quartiere possono aiutare i residenti a rimanere informati sul rischio di incendio locale e sulle risorse disponibili. Le comunità possono lavorare insieme per creare spazi difendibili, mantenere le barriere tagliafuoco e stabilire protocolli di risposta alle emergenze, migliorando la sicurezza generale.

I programmi educativi sui rischi e sulla preparazione agli incendi possono consentire alle comunità di agire. I workshop sulla creazione di spazi difendibili, sulla comprensione dei protocolli di evacuazione e sulla sicurezza antincendio possono fornire alle persone gli strumenti e le conoscenze necessarie. Le scuole e le organizzazioni locali possono collaborare per promuovere consapevolezza e preparazione tra i residenti di tutte le età.

In conclusione, la preparazione agli incendi comporta strategie globali che comprendono la creazione di spazi difendibili, il mantenimento delle barriere tagliafuoco, lo sviluppo di piani di evacuazione e la protezione delle proprietà dai danni del fuoco. Implementando queste misure e rimanendo informati sui rischi di incendi, le persone possono migliorare significativamente la propria sicurezza e resilienza di fronte a potenziali minacce di incendi. Attraverso il coinvolgimento della comunità e una pianificazione proattiva, gli sforzi collettivi dei residenti possono creare ambienti più sicuri, riducendo al minimo l'impatto degli incendi e promuovendo una cultura di preparazione.

Capitolo 8

PRONTO SOCCORSO E PREPARAZIONE MEDICA

Assemblare un kit di pronto soccorso completo

La creazione di un kit di pronto soccorso su misura per le catastrofi naturali richiede un'attenta pianificazione e attenzione ai dettagli. Questo kit dovrebbe essere sufficientemente completo da gestire vari infortuni e problemi di salute che potrebbero sorgere durante tali emergenze. I componenti chiave includono bende, antisettici, farmaci e altri elementi essenziali per soddisfare le esigenze mediche immediate. Inoltre, è importante personalizzare il kit per soddisfare le esigenze domestiche specifiche, soprattutto se si considerano le esigenze di bambini, anziani e animali domestici.

La base di un kit di pronto soccorso ben attrezzato inizia con bende e medicazioni. Questi sono fondamentali per gestire lesioni come tagli, abrasioni e ferite, comuni durante i disastri naturali. Diversi tipi di bende hanno scopi diversi, quindi è necessario includerne un assortimento. Le bende adesive di varie dimensioni possono coprire piccoli tagli e vesciche, mentre i tamponi e i rotoli di garza sono utili per ferite più gravi che potrebbero richiedere un ulteriore assorbimento. La garza sterile è ideale per coprire le ferite aperte, riducendo al minimo i rischi di infezione. Dovrebbero essere incluse anche medicazioni compressive per aiutare a controllare il sanguinamento. Le bende triangolari possono svolgere molteplici funzioni, comprese le imbracature per le braccia ferite o fissare le stecche.

Gli antisettici sono un'altra categoria cruciale in un kit di pronto soccorso, poiché aiutano a prevenire lo sviluppo di infezioni nelle ferite. L'inclusione di salviette e spray antisettici garantisce che tagli e graffi vengano puliti prima del bendaggio. Il perossido di idrogeno e lo iodio sono soluzioni antisettiche comuni, anche se le salviette imbevute di alcol possono rappresentare un'opzione più rapida per pulire la pelle prima di medicare le ferite. Includere pomate o creme antibiotiche, come la Neosporina, aggiunge un ulteriore livello di protezione contro i batteri. Questi prodotti aiutano a prevenire le infezioni creando una barriera sulla ferita e promuovendone la guarigione.

Per alleviare il dolore e l'infiammazione, i farmaci da banco dovrebbero essere un punto fermo in qualsiasi kit di pronto soccorso specifico per le catastrofi. Farmaci come l'ibuprofene o il paracetamolo offrono un rapido sollievo dal dolore, dal gonfiore o dalla febbre. Includere una scorta di antistaminici può essere utile per trattare le reazioni allergiche, soprattutto se il disastro naturale causa l'esposizione ad ambienti, piante o insetti sconosciuti. Inoltre, i sali per la reidratazione orale sono essenziali in caso di disidratazione, che può verificarsi durante interruzioni di corrente, inondazioni o caldo estremo.

Quando si personalizza il kit di pronto soccorso per specifiche esigenze domestiche, è essenziale considerare le condizioni di salute individuali. Ciò comporta l'imballaggio dei farmaci da prescrizione che i membri della famiglia assumono regolarmente. Per le persone con condizioni croniche come asma, diabete o malattie cardiache, è vitale avere una scorta di riserva di inalatori, insulina o altri farmaci necessari. È una buona pratica conservare nel kit di pronto soccorso i farmaci essenziali per una settimana, assicurandosi che vengano ruotati regolarmente per evitare che scadano. Includere un organizer per pillole può aiutare a gestire i dosaggi e garantire che nessun farmaco venga perso durante il caos di un disastro naturale.

I bambini spesso richiedono considerazioni speciali in un kit di pronto soccorso. I loro corpi più piccoli significano che i dosaggi dei farmaci per gli adulti potrebbero non essere sicuri per loro. Per questo motivo, è importante avere versioni per bambini di antidolorifici, antipiretici e antistaminici. Farmaci come paracetamolo liquido o ibuprofene, specificamente progettati per i bambini, dovrebbero essere inclusi insieme a una siringa dosatrice o un cucchiaio per una misurazione accurata. Bende a misura di bambino e articoli di conforto, come un giocattolo o una coperta preferiti, possono aiutare a calmare la loro ansia durante un'emergenza. Garantire che un kit includa soluzioni elettrolitiche orali per i bambini, che sono più vulnerabili alla disidratazione, aggiunge un ulteriore livello di preparazione.

Gli anziani possono anche avere esigenze specifiche che dovrebbero essere affrontate nel kit di pronto soccorso. Gli anziani spesso assumono più farmaci, quindi è fondamentale disporre di un metodo organizzato per conservare e identificare questi farmaci. Nel kit dovrebbe essere incluso un elenco di farmaci, insieme alle istruzioni sul dosaggio e alle informazioni di contatto del medico. Articoli come bende compressive e bendaggi possono essere utili per trattare il dolore o il gonfiore articolare, problemi comuni negli anziani. Inoltre, dovrebbero essere inclusi dispositivi di assistenza come lenti d'ingrandimento per leggere le etichette dei farmaci o batterie per apparecchi acustici per affrontare eventuali problemi sensoriali che gli anziani potrebbero affrontare in caso di emergenza.

Gli animali domestici sono parte integrante di molte famiglie e le loro esigenze non dovrebbero essere trascurate quando si assembla un kit di pronto soccorso specifico per il disastro. Per cani e gatti, il kit dovrebbe includere articoli di primo soccorso specifici per l'animale come prodotti per la cura delle ferite, antisettici sicuri per gli animali e una museruola nel caso in cui l'animale diventi agitato o aggressivo a causa dello stress. Particolarmente utili possono essere le pinzette per rimuovere zecche o corpi estranei dal pelo, nonché la polvere emostatica per arrestare l'emorragia in caso di ferite minori. Includere una fornitura di cibo per animali, ciotole per l'acqua pieghevoli e tutti i farmaci che l'animale assume è essenziale per la loro cura durante le emergenze. Anche una piccola coperta o un asciugamano può essere utile per fornire comfort e calore.

Oltre alle forniture mediche, un kit di pronto soccorso specifico per il disastro dovrebbe includere strumenti e attrezzature essenziali. Pinzette e forbici sono utili per rimuovere i detriti dalle ferite o tagliare le medicazioni. Un termometro può aiutare a monitorare la temperatura corporea in caso di febbre o ipotermia. Le coperte di emergenza, spesso realizzate in Mylar, sono compatte ma efficaci per mantenere il calore corporeo in condizioni di freddo. Anche i guanti privi di lattice dovrebbero essere imballati per garantire l'igiene durante il trattamento delle lesioni. Le torce con batterie aggiuntive sono essenziali per le emergenze notturne o le interruzioni di corrente, consentendo una navigazione più sicura e la cura degli infortuni in ambienti scarsamente illuminati.

La creazione di un kit di pronto soccorso efficace richiede molto più del semplice imballaggio delle forniture; capire come usarli è altrettanto importante. Includere un manuale di primo soccorso di base nel kit può guidare i membri della famiglia su come somministrare le cure adeguate. Il manuale dovrebbe spiegare come trattare ustioni, tagli, distorsioni, fratture e altre lesioni comuni riscontrate durante i disastri naturali. Questo materiale di riferimento può aiutare a prevenire il panico e garantire che le cure siano amministrate con calma ed efficacia.

Per riporre il kit di pronto soccorso devono essere utilizzati contenitori o borse impermeabili, assicurandosi che il suo contenuto rimanga asciutto e intatto in caso di allagamenti, forti piogge o umidità. È fondamentale etichettare chiaramente il kit e conservarlo in un luogo accessibile, noto a tutti i membri della famiglia. Per mantenere l'affidabilità del kit è inoltre necessario verificare periodicamente la presenza di articoli scaduti e sostituirli.

Oltre al contenuto immediato del kit, la preparazione dovrebbe comportare anche la disponibilità di importanti informazioni mediche e di emergenza. Ciò include la compilazione di un elenco di contatti di emergenza, inclusi medici, familiari e servizi di emergenza locali. Inoltre, la creazione di un elenco di allergie o condizioni mediche per ciascun membro della famiglia garantisce che chiunque fornisca aiuto durante l'emergenza possa farlo in sicurezza. Questo elenco può essere memorizzato con il kit di pronto soccorso per un facile accesso.

Avere una formazione di base sul primo soccorso è un'aggiunta inestimabile ai componenti fisici del kit. Sapere come eseguire la RCP, trattare le ustioni o somministrare un EpiPen può fare una differenza significativa nelle situazioni di emergenza. Organizzazioni locali come la Croce Rossa offrono corsi che insegnano le competenze essenziali di primo soccorso, che possono integrare le forniture in un kit ben fornito. In particolare, capire come trattare lo shock, stabilizzare le fratture o arrestare forti emorragie può salvare la vita durante un disastro naturale.

Infine, la comunicazione è una parte importante della preparazione. Ogni membro della famiglia dovrebbe avere familiarità con il contenuto del kit di pronto soccorso e sapere dove si trova. Condurre revisioni periodiche del kit, aggiornarne il contenuto in base alle mutevoli esigenze domestiche e discutere su come gestire le varie emergenze può garantire che tutti siano preparati. Praticare scenari di emergenza, come esercitazioni finte o simulazioni, può migliorare ulteriormente la preparazione, dando a ciascun membro della famiglia la sicurezza di utilizzare il kit di pronto soccorso quando necessario.

In conclusione, l'assemblaggio di un kit di pronto soccorso progettato per le catastrofi naturali richiede un'accurata pianificazione e personalizzazione. Articoli essenziali come bende, antisettici e farmaci costituiscono la base, mentre dovrebbero essere affrontate le esigenze specifiche della famiglia, come quelle di bambini, anziani e animali domestici. Dotare il kit di strumenti, materiali di riferimento e contenitori impermeabili garantisce che sarà utile in caso di disastro. Rimanendo informati, praticando la preparazione alle emergenze e assicurandosi che tutti abbiano familiarità con il kit, gli individui e le famiglie possono essere meglio preparati a gestire in modo efficace le emergenze sanitarie durante i disastri naturali.

Tecniche di risposta medica d'emergenza

All'indomani di un disastro, risposte mediche tempestive ed efficaci sono fondamentali per ridurre il rischio di lesioni a lungo termine o di morte. Comprendere le tecniche di risposta medica di base può consentire alle persone di agire quando l'assistenza medica professionale è in ritardo o non è disponibile. Alcune competenze, come l'esecuzione della RCP, il trattamento delle ferite, la gestione delle fratture e l'esecuzione del triage, svolgono un ruolo essenziale in tali situazioni di emergenza. Sapere quando cercare un aiuto professionale è altrettanto importante, poiché alcuni infortuni richiedono cure mediche avanzate.

La rianimazione cardiopolmonare (RCP) è una delle tecniche di emergenza più vitali che possono essere eseguite immediatamente dopo un disastro. È particolarmente utile quando qualcuno ha smesso di respirare o il suo cuore ha smesso di battere. La RCP mantiene il flusso di sangue ossigenato al cervello e ad altri organi vitali fino a quando non possono essere fornite ulteriori cure mediche. Per eseguire la RCP in modo efficace, assicurarsi che la persona sia distesa sulla schiena su una superficie solida. Inizia controllando se sono reattivi toccandogli le spalle e chiedendo se stanno bene. Se non c'è risposta e la persona non respira o ansima, iniziare le compressioni toraciche.

Posiziona il palmo di una mano al centro del petto della persona, appena sotto i capezzoli. Metti l'altra mano sopra la prima e intreccia le dita. Usando il peso della parte superiore del corpo, premi con forza e velocità, puntando a una profondità di circa due pollici per gli adulti. La frequenza dovrebbe essere compresa tra 100 e 120 compressioni al minuto, che si allinea più o meno al ritmo della canzone "Stayin' Alive". Dopo 30 compressioni, aprire le vie aeree della persona inclinando leggermente la testa all'indietro e sollevando il mento. Chiudi il naso e fai due ventilazioni di soccorso, assicurandoti che il torace si sollevi ad ogni respiro. Continua ad alternare 30 compressioni e due respiri fino all'arrivo dei soccorritori o finché la persona non inizia a respirare da sola.

Un'altra abilità fondamentale all'indomani di un disastro è il trattamento delle ferite. Le ferite, se non adeguatamente gestite, possono portare a infezioni che peggiorano nel tempo. Per tagli e graffi minori, il primo passo è pulire accuratamente la ferita. Far scorrere acqua pulita sulla ferita aiuta a rimuovere detriti e batteri. L'uso di un sapone delicato può ridurre ulteriormente il rischio di infezione, ma evita di far penetrare il sapone direttamente nella ferita. Una volta pulita, applicare un unguento antisettico e coprire la ferita con una benda o una medicazione sterile.

Ferite più gravi, come tagli profondi o ferite da puntura, richiedono cure aggiuntive. Applicare una pressione diretta per fermare qualsiasi sanguinamento. Usa un panno pulito, una benda o anche un indumento se non hai nient'altro a disposizione. Se l'emorragia non si ferma dopo diversi minuti, continua ad applicare pressione e, se possibile, solleva la zona ferita. Per ferite più grandi o più profonde, potrebbero essere necessari punti di sutura, quindi è necessario cercare assistenza medica professionale il prima possibile. Inoltre, se la ferita sembra essere il risultato di un oggetto sporco o arrugginito, esiste il rischio di tetano e potrebbe essere necessario un vaccino antitetanico.

Le ustioni sono un'altra lesione comune dopo i disastri. Per le ustioni minori, raffreddare immediatamente l'area facendo scorrere sopra acqua fresca (non fredda) per diversi minuti può aiutare a ridurre il dolore e limitare la gravità dell'ustione. L'applicazione di una medicazione sterile sull'ustione protegge la pelle da ulteriori irritazioni o infezioni. Evitare l'uso di ghiaccio, burro o sostanze grasse sulle ustioni, poiché potrebbero peggiorare la lesione. Per ustioni più gravi, in cui la pelle presenta vesciche, carbonizzata o appare bianca, evitare di rompere le vesciche e cercare immediatamente assistenza medica professionale. Coprire l'ustione con un panno pulito e antiaderente e sollevare l'area, se possibile, può aiutare fino all'arrivo dell'assistenza medica.

Le fratture sono comuni anche nei disastri, spesso derivanti da cadute o colpiti da detriti. Riconoscere una frattura è essenziale per un trattamento efficace. I sintomi includono dolore intenso, gonfiore, lividi o incapacità di muovere l'area interessata. Nei casi in cui si sospetta una frattura, l'immobilizzazione dell'area lesa è la massima priorità. L'uso di una stecca per stabilizzare l'osso può aiutare a prevenire ulteriori danni. Le stecche possono essere improvvisate con materiali come assi di legno, giornali arrotolati o persino un capo di abbigliamento robusto. Fissare la stecca utilizzando un panno o una benda, ma assicurarsi che non sia così stretta da interrompere la circolazione. Se possibile, sollevare l'arto ferito e applicare impacchi di ghiaccio per ridurre il gonfiore.

Per le fratture aperte, in cui l'osso perfora la pelle, il rischio di infezione è elevato. Non tentare di rimettere l'osso al suo posto. Copri invece la ferita con una medicazione sterile o un panno pulito e cerca immediatamente assistenza medica professionale. Evitare di spostare la persona infortunata a meno che non sia necessario per la sua sicurezza, ad esempio quando si trova in un ambiente pericoloso.

Il triage è un'altra tecnica importante nella risposta ai disastri. Il triage è il processo di definizione delle priorità delle cure mediche in base alla gravità delle lesioni e alla probabilità di sopravvivenza. In un disastro in cui molte persone potrebbero rimanere ferite, le risorse possono diventare limitate ed è essenziale garantire che coloro che necessitano di cure mediche urgenti le ricevano per primi. Il principio di base del triage è valutare rapidamente gli individui e assegnarli a diverse categorie in base alla loro condizione. In genere, i pazienti sono divisi in quattro categorie: quelli che difficilmente sopravvivono nonostante le cure mediche, quelli che hanno bisogno di cure immediate per sopravvivere, quelli che hanno bisogno di cure ma possono aspettare e quelli con ferite lievi che possono aspettare più a lungo per le cure.

Quando si esegue il triage, iniziare valutando rapidamente le vie aeree, la respirazione e la circolazione di una persona, comunemente definiti ABC. Se qualcuno non respira e non ha polso, concentrare gli sforzi prima su coloro che potrebbero trarre beneficio dall'intervento medico, in particolare se ci sono più persone ferite. Le persone incoscienti ma che respirano, o che presentano gravi emorragie o altre lesioni potenzialmente letali, devono essere trattate immediatamente. Quelli con lesioni meno gravi, come distorsioni, piccoli tagli o contusioni, possono essere curati dopo casi più urgenti.

I disastri spesso si accompagnano a un'ondata secondaria di infortuni e complicazioni mediche. Scosse di assestamento, tempeste secondarie o ulteriori crolli delle infrastrutture possono aumentare la necessità di triage e rivalutazione degli individui precedentemente trattati. Il triage non è un evento isolato ma un processo continuo man mano che si verificano nuove lesioni o cambiamenti nelle condizioni del paziente.

Sapere quando cercare un aiuto medico professionale è fondamentale. Sebbene la somministrazione delle cure di base possa stabilizzare una persona a breve termine, alcune lesioni e condizioni richiedono un trattamento più avanzato. Ad esempio, le lesioni interne, come un trauma cranico o un'emorragia interna, potrebbero non essere immediatamente visibili ma possono essere pericolose per la vita. Sintomi come vomito, confusione, forte mal di testa o vertigini dopo un trauma cranico possono indicare una commozione cerebrale o un'emorragia interna e richiedono cure mediche immediate. Allo stesso modo, il dolore toracico o la difficoltà respiratoria potrebbero indicare un attacco di cuore o altre condizioni gravi che necessitano di cure mediche avanzate.

Anche le infezioni successive alle ferite possono aggravarsi rapidamente senza l'intervento di un professionista. Rossore, gonfiore, calore e pus attorno a una ferita sono segni di infezione. Se non trattate, le infezioni possono portare a problemi più gravi, come la sepsi. Gli antibiotici possono essere necessari per trattare tali infezioni, rendendo fondamentale in questi casi l'intervento medico professionale. In situazioni in cui l'assistenza medica professionale non è immediatamente disponibile, pulire e medicare la ferita monitorando eventuali segni di infezione è vitale fino all'arrivo dei soccorsi.

Per chi soffre di patologie croniche, come il diabete o l'asma, le situazioni di disastro possono interrompere l'accesso ai farmaci e alle attrezzature necessarie. È essenziale garantire che durante un disastro sia disponibile una fornitura di riserva di farmaci, come insulina o inalatori per l'asma. Se le scorte finiscono, la ricerca di cure mediche professionali è fondamentale per gestire queste condizioni, poiché le loro complicazioni possono diventare pericolose per la vita senza un trattamento adeguato.

In alcuni casi, l'impatto emotivo e psicologico di un disastro può essere grave quanto le lesioni fisiche. Ansia, shock o stress post-traumatico possono manifestarsi in individui che hanno vissuto o assistito al disastro. I primi soccorritori o le persone addestrate al primo soccorso psicologico possono aiutare a fornire supporto emotivo alle persone colpite. A lungo termine, per alcuni individui potrebbe essere necessaria un'assistenza psicologica professionale per affrontare il trauma dell'evento.

In conclusione, comprendere e applicare le principali tecniche di risposta medica durante e dopo un disastro è fondamentale per salvare vite umane e ridurre al minimo le lesioni. Amministrare la RCP, trattare ferite e fratture, eseguire il triage e sapere quando cercare un aiuto professionale sono tutte competenze fondamentali. Queste azioni costituiscono la spina dorsale di una risposta medica efficace, garantendo che le persone ricevano cure tempestive e adeguate nei momenti critici successivi a un disastro. La formazione in queste aree e la disponibilità delle forniture adeguate possono consentire agli individui e alle comunità di rispondere in modo efficace, anche di fronte a circostanze schiaccianti.

Gestione dei problemi di salute cronici durante i disastri

La gestione delle condizioni di salute croniche durante i disastri naturali richiede un approccio ben ponderato per garantire la continuità delle cure e l'accesso a farmaci e trattamenti vitali. Le interruzioni delle cure mediche di routine, l'indisponibilità di farmaci o la mancanza di accesso ai dispositivi necessari possono portare a gravi complicazioni per le persone con condizioni croniche come diabete, asma o malattie cardiache. Pianificare in anticipo e adottare misure proattive sono fondamentali per ridurre al minimo i rischi durante le emergenze e garantire la sicurezza.

Una delle strategie più critiche per le persone con patologie croniche è preparare una fornitura adeguata di farmaci. Per coloro che gestiscono il diabete, l'insulina e altre forniture correlate al diabete sono essenziali per controllare i livelli di zucchero nel sangue. In uno scenario catastrofico, l'accesso alle farmacie potrebbe essere limitato, quindi avere una scorta di emergenza di farmaci è fondamentale. Gli individui dovrebbero collaborare con i propri operatori sanitari per garantire che dispongano di una scorta sufficiente di farmaci, in genere per almeno due settimane o più. L'insulina, in particolare, deve essere conservata correttamente, poiché è sensibile alla temperatura. Senza refrigerazione, l'insulina può perdere la sua efficacia. Pertanto, un sistema di raffreddamento di riserva, come un frigorifero portatile con impacchi di ghiaccio o un'unità di refrigerazione alimentata a batteria, può essere fondamentale durante interruzioni di corrente prolungate.

Le persone che gestiscono l'asma devono anche assicurarsi di avere un'ampia scorta di inalatori, sia per l'uso quotidiano che per le situazioni di emergenza. Se si verifica una riacutizzazione dell'asma a causa di fattori ambientali come polvere, fumo o altri allergeni provocati da un disastro naturale, è essenziale avere un rapido accesso a un inalatore di salvataggio. I pazienti asmatici dovrebbero anche essere consapevoli di conservare i farmaci in contenitori impermeabili per proteggerli da potenziali inondazioni o umidità eccessiva. Una corretta conservazione garantisce che i farmaci rimangano efficaci quando più necessari.

Coloro che gestiscono malattie cardiache dovrebbero concentrarsi su una fornitura costante dei farmaci prescritti, come farmaci per la pressione sanguigna o anticoagulanti. La mancata somministrazione di dosi di questi farmaci può portare a gravi complicazioni, tra cui aumento della pressione sanguigna, infarto o ictus. Oltre a mantenere una scorta di farmaci, le persone dovrebbero avere accesso alle proprie cartelle cliniche e alle proprie prescrizioni. Conservare una copia digitale di questi dati, archiviata su un servizio cloud o su un dispositivo portatile come un'unità USB, garantisce che le informazioni mediche vitali siano accessibili in una situazione di emergenza.

Mantenere i dispositivi medici necessari è altrettanto importante per le persone con condizioni di salute croniche. Molti dispositivi medici, come i misuratori di glucosio, i nebulizzatori e le macchine CPAP, richiedono elettricità per funzionare. In caso di interruzione di corrente, è fondamentale disporre di fonti di energia alternative, come batterie, caricabatterie a energia solare o generatori portatili, per garantire che questi dispositivi rimangano funzionanti. Le persone che fanno affidamento su dispositivi alimentati elettricamente dovrebbero verificare che i loro alimentatori di riserva siano completamente carichi e funzionanti prima che si verifichi un disastro. Si consiglia inoltre di contattare le società di servizi pubblici locali o i servizi di gestione delle emergenze per informarli della necessità fondamentale di alimentazione ininterrotta per i dispositivi medici. Alcune aree offrono servizi di ripristino prioritari per le persone con apparecchiature mediche di sostentamento vitale.

Per i diabetici, i monitor continui del glucosio (CGM) possono essere dispositivi salvavita che forniscono dati in tempo reale sui livelli di zucchero nel sangue. Tuttavia, i CGM richiedono batterie funzionanti o un alimentatore. Avere batterie di riserva o un caricabatterie portatile può garantire che il dispositivo continui a funzionare correttamente. Per chi utilizza microinfusori per insulina è importante anche avere un piano di riserva nel caso in cui il microinfusore non funzioni correttamente. Ciò potrebbe comportare la disponibilità di penne o siringhe per insulina extra per somministrare manualmente l'insulina secondo necessità.

Gli individui con patologie respiratorie come asma o broncopneumopatia cronica ostruttiva (BPCO) spesso fanno affidamento sui nebulizzatori per somministrare i farmaci. In assenza di elettricità, è importante avere in alternativa un nebulizzatore a batteria o inalatori. Inoltre, in caso di catastrofi naturali come gli incendi, la qualità dell'aria può essere gravemente compromessa. Il fumo e il particolato nell'aria possono esacerbare le condizioni respiratorie, rendendo cruciali i dispositivi di filtraggio dell'aria, come i purificatori d'aria HEPA portatili. In caso di evacuazione, è consigliabile avere maschere portatili, come i respiratori N95, che possono aiutare a filtrare le particelle nocive sospese nell'aria.

La creazione di un piano di emergenza medica adattato alle esigenze specifiche delle persone con patologie croniche è uno dei passaggi più importanti per la preparazione alle catastrofi. Un piano ben strutturato dovrebbe includere un elenco dettagliato di condizioni mediche, farmaci e programmi di trattamento. Per le persone che gestiscono più condizioni, queste informazioni possono salvare la vita se non sono in grado di comunicare le proprie esigenze durante un'emergenza. Avere un elenco chiaro di farmaci, compresi i dosaggi e le istruzioni per l'uso, garantisce che i soccorritori o gli operatori sanitari possano continuare le cure senza interruzioni.

È anche importante includere nel piano informazioni su allergie, interazioni farmacologiche ed eventuali requisiti medici speciali. Ad esempio, i diabetici devono monitorare regolarmente la glicemia e l'accesso al cibo, all'insulina e ai dispositivi di monitoraggio deve essere garantito anche nelle circostanze più difficili. Il piano di emergenza medica dovrebbe anche dettagliare dove trovare scorte alimentari di emergenza sicure per i diabetici, evitando articoli che possono causare picchi di zucchero nel sangue dannosi. Alimenti non deperibili come barrette proteiche, noci e verdure in scatola possono essere inclusi in un kit alimentare di emergenza progettato specificamente per le persone con diabete.

Per le persone con patologie cardiache, è fondamentale conoscere i segni di un infarto o ictus e disporre di un protocollo di emergenza. In caso di dolore toracico, mancanza di respiro o forti vertigini, è importante consultare immediatamente un medico. Il piano di emergenza medica dovrebbe includere le informazioni di contatto degli ospedali locali e delle strutture mediche attrezzate per gestire le emergenze cardiache. È anche utile avere a portata di mano un misuratore personale di pressione arteriosa e un elenco di numeri di emergenza.

Per le persone con patologie respiratorie, il piano di emergenza medica dovrebbe includere informazioni su come gestire attacchi improvvisi di asma o difficoltà respiratoria. L'inalazione di farmaci a intervalli regolari è importante e potrebbe essere necessario modificare il trattamento in base a fattori ambientali come la scarsa qualità dell'aria. Avere un elenco chiaramente contrassegnato di fattori scatenanti, come allergeni o fumo, e le misure per evitarli può aiutare a mitigare potenziali attacchi di asma. Il piano dovrebbe includere anche istruzioni per l'uso di nebulizzatori, inalatori e altri dispositivi respiratori, in particolare se gli operatori sanitari o i soccorritori sono coinvolti nella cura della persona.

I familiari, gli operatori sanitari e i contatti di emergenza dovrebbero tutti avere familiarità con il piano di emergenza medica, assicurandosi di sapere come assistere l'individuo durante un disastro. La comunicazione è fondamentale in queste situazioni e avere un punto di contatto designato al di fuori dell'area immediatamente colpita dal disastro può aiutare a coordinare l'assistenza medica, se necessario. È consigliabile condividere copie del piano di emergenza medica con i familiari, gli operatori sanitari e gli operatori sanitari, assicurandosi che tutti siano sulla stessa lunghezza d'onda riguardo alle esigenze dell'individuo.

L'evacuazione è una preoccupazione significativa per le persone con condizioni croniche durante i disastri naturali. È importante sapere dove si trovano i rifugi di emergenza più vicini e verificare che tali rifugi possano soddisfare esigenze mediche specifiche. Alcuni rifugi potrebbero non essere attrezzati per gestire persone con condizioni mediche complesse, quindi è fondamentale identificare rifugi specializzati o strutture mediche. In molte comunità, i rifugi sono allestiti appositamente per le persone con esigenze mediche, fornendo accesso all'elettricità, refrigerazione per i farmaci e personale sanitario che può assistere nella gestione delle condizioni croniche.

Quando è necessaria l'evacuazione, è fondamentale avere una borsa da viaggio preconfezionata. Questa borsa dovrebbe contenere tutti i farmaci essenziali, i dispositivi medici e le cartelle cliniche, nonché una scorta di cibo e acqua. Per i diabetici, la borsa da viaggio dovrebbe includere insulina, forniture per test e snack per regolare i livelli di zucchero nel sangue. Per gli asmatici, dovrebbe contenere inalatori, un nebulizzatore portatile e maschere per la filtrazione dell'aria. Per le persone con malattie cardiache, la borsa da viaggio dovrebbe includere farmaci per la pressione sanguigna, aspirina e un monitor personale per la pressione sanguigna.

Altrettanto importante è il momento dell'evacuazione. Evacuare tempestivamente riduce il rischio di rimanere intrappolati senza accesso alle cure mediche necessarie. Le persone con patologie croniche dovrebbero monitorare attentamente i bollettini meteorologici e gli avvisi di emergenza, pianificando l'evacuazione ben prima che le condizioni diventino pericolose per la vita. È meglio evacuare prima, avendo tempo per gestire attentamente le condizioni croniche, piuttosto che aspettare fino all'ultimo minuto quando lo stress e le risorse limitate possono esacerbare i problemi medici.

In alcuni casi, le condizioni croniche possono peggiorare durante lo stress di un disastro. L'ansia, l'incertezza e l'interruzione delle normali routine possono portare a una cattiva gestione del diabete, dell'asma o delle malattie cardiache. È importante rimanere il più calmi possibile e attenersi ai piani di trattamento prescritti. Mantenere delle routine, come assumere farmaci agli orari abituali e monitorare i livelli di zucchero nel sangue o di pressione sanguigna, può aiutare le persone a rimanere in carreggiata anche in situazioni difficili.

Una volta passata la minaccia immediata di un disastro, la cura continua delle patologie croniche rimane una priorità. Gli individui dovrebbero cercare cure di follow-up da parte degli operatori sanitari per garantire che le loro condizioni siano stabili. Qualsiasi cambiamento nei farmaci o nei trattamenti durante il disastro dovrebbe essere comunicato al personale sanitario regolare della persona. Anche il monitoraggio di eventuali effetti ritardati dello stress o dell'esposizione a rischi ambientali è fondamentale per il mantenimento della salute a lungo termine dopo un disastro.

In sintesi, la gestione delle condizioni di salute croniche durante i disastri naturali implica un'attenta pianificazione, la garanzia dell'accesso ai farmaci, la manutenzione dei dispositivi medici necessari e la creazione di un piano di emergenza medica su misura. Che si tratti di diabete, asma o malattie cardiache, le persone devono prepararsi in anticipo per ridurre al minimo i rischi per la salute durante e dopo un disastro. La corretta conservazione dei farmaci, l'alimentazione di riserva per i dispositivi e i piani di evacuazione prestabiliti possono fare una differenza significativa nei risultati per le persone con patologie croniche in situazioni di emergenza. Dando priorità alla salute e alla sicurezza, le persone possono affrontare meglio le sfide poste dai disastri naturali, gestendo al tempo stesso in modo efficace le loro continue esigenze mediche.

CONCLUSIONE

L'importanza della vigilanza e del continuo aggiornamento dei piani di preparazione non può essere sopravvalutata, soprattutto in un mondo in cui i disastri naturali si verificano con crescente frequenza e gravità. Una lezione fondamentale è che la preparazione non è un evento isolato, ma un processo continuo che deve evolversi man mano che nuove informazioni diventano disponibili, le circostanze cambiano e emergono rischi. Questo approccio dinamico alla prontezza garantisce che gli individui, le famiglie e le comunità rimangano attrezzati per rispondere efficacemente a potenziali crisi.

La preparazione inizia con la responsabilità individuale, poiché ogni persona ha il potere di adottare misure che avranno un impatto significativo sulla sua sicurezza e sul suo benessere durante un disastro. Rimanere informati sui rischi specifici di una regione è essenziale, indipendentemente dal fatto che tali rischi coinvolgano uragani, inondazioni, terremoti, incendi o altri pericoli naturali. Questa conoscenza consente alle persone di adattare i propri sforzi di preparazione per affrontare le sfide uniche che potrebbero dover affrontare. L'aggiornamento regolare dei piani di preparazione garantisce che rimangano pertinenti alle condizioni attuali, che possono cambiare a causa del cambiamento dei modelli climatici, dello sviluppo delle infrastrutture o di circostanze personali come l'invecchiamento, le condizioni di salute o le dinamiche familiari.

Una delle lezioni chiave tratte dal libro è il valore di un piano di preparazione completo che copra non solo le esigenze di sopravvivenza immediate ma anche considerazioni a lungo termine per il recupero. Un piano di questo tipo dovrebbe affrontare tutti gli aspetti della preparazione al disastro, dalla protezione di una casa contro potenziali pericoli alla preparazione di un kit di emergenza con forniture essenziali, farmaci e documenti importanti. Ad esempio, nelle aree soggette agli uragani, le case dovrebbero essere fortificate per resistere ai forti venti e le vie di evacuazione dovrebbero essere pianificate in anticipo. Nelle regioni a rischio sismico, fissare mobili ed elettrodomestici pesanti per evitare che si ribaltino durante le scosse è un'importante misura di sicurezza. Queste azioni riflettono la necessità di rimanere vigili e di adattare le strategie di preparazione per mitigare i rischi posti dai vari disastri naturali.

Mantenere la preparazione richiede qualcosa di più delle semplici misure fisiche; richiede anche un impegno per la prontezza mentale. Rimanere vigili significa essere consapevoli delle previsioni meteorologiche, degli avvertimenti delle autorità locali e di qualsiasi altro avviso che possa indicare un disastro imminente. In molti casi, gli allarmi tempestivi danno alle persone il tempo cruciale necessario per evacuare, raccogliere rifornimenti o adottare altre misure protettive. La partecipazione regolare a esercitazioni ed esercitazioni aiuta a mantenere affinate le capacità di risposta alle catastrofi, garantendo che quando si verifica una vera emergenza, le persone sappiano esattamente cosa fare. Praticare le procedure di emergenza, ad esempio come evacuare in sicurezza o come somministrare il primo soccorso, crea fiducia e riduce la probabilità di panico durante una crisi.

Al di là della preparazione individuale, una delle lezioni più importanti è l'importanza di contribuire alla preparazione e alla resilienza della comunità. Le comunità sono spesso la prima linea di difesa in situazioni di disastro e la loro capacità di resistere e riprendersi da un disastro migliora notevolmente quando gli individui lavorano insieme. Gli sforzi di preparazione a livello comunitario possono assumere molte forme, inclusi programmi di sorveglianza di quartiere, squadre di risposta alle emergenze comunitarie (CERT) e risorse condivise come rifugi di emergenza o reti di comunicazione. Ogni persona può svolgere un ruolo offrendo le proprie competenze, sia che si tratti di formazione medica, coordinamento logistico o semplicemente aiuto ai vicini bisognosi. In tempi di crisi, la forza dei legami sociali di una comunità può fare la differenza tra una ripresa rapida e difficoltà prolungate.

Gli individui possono contribuire alla preparazione della comunità comprendendo innanzitutto i rischi specifici che la loro comunità deve affrontare e le risorse disponibili per affrontare tali rischi. Ciò potrebbe comportare la partecipazione a riunioni del governo locale, la partecipazione a discussioni in municipio sulla preparazione alle catastrofi o il volontariato con le organizzazioni locali di soccorso in caso di catastrofe. La conoscenza dei piani locali di risposta alle emergenze, dei rifugi e delle vie di evacuazione garantisce che le persone possano prendere decisioni informate durante un disastro. Consente inoltre loro di condividere queste informazioni con altri che potrebbero non avervi accesso, popolazioni particolarmente vulnerabili come anziani, disabili o persone con mobilità ridotta.

L'impegno nell'aiuto reciproco è un altro aspetto fondamentale per promuovere la resilienza della comunità. L'aiuto reciproco si riferisce allo scambio volontario di risorse e servizi tra i membri della comunità, in particolare durante e dopo i disastri. All'indomani di un disastro naturale, gli sforzi di soccorso ufficiali possono richiedere tempo per raggiungere le aree colpite e, in quelle ore o giorni cruciali, le reti di mutuo soccorso possono fornire assistenza immediata. Queste reti sono costruite sulla fiducia e sulla cooperazione, in cui le persone condividono cibo, acqua, riparo e altri beni essenziali con chi ne ha bisogno. Promuovendo uno spirito di solidarietà e cooperazione prima che si verifichi un disastro, le comunità possono assicurarsi di essere meglio preparate a sostenersi a vicenda in tempi di crisi.

L'aiuto reciproco svolge anche un ruolo significativo nel processo di recupero a lungo termine dopo un disastro. Ricostruire una comunità richiede tempo e il costo emotivo, finanziario e fisico di un disastro può essere schiacciante per le persone che devono affrontarlo da sole. Attraverso le reti di mutuo soccorso, i membri della comunità possono sostenersi a vicenda nella ricostruzione di case, attività commerciali e infrastrutture. Offrire assistenza finanziaria, condividere competenze edili o fornire assistenza all'infanzia mentre altri lavorano alle riparazioni sono esempi di come i membri della comunità possono contribuire ad alleggerire il peso della ripresa. Inoltre, l'aiuto reciproco va oltre l'assistenza materiale; il sostegno emotivo e psicologico è altrettanto importante nel periodo successivo a un disastro. Sessioni di terapia di gruppo, riunioni di comunità e reti di sostegno tra pari possono aiutare le persone a elaborare il trauma, ricostruire la resilienza e trovare speranza nel processo di recupero.

Uno dei modi in cui gli individui possono garantire la propria preparazione e contribuire alla resilienza della propria comunità è sostenere le iniziative locali incentrate sulla mitigazione e sulla prevenzione dei disastri. Ciò può includere la promozione di codici di costruzione migliori che rendano le strutture più resistenti ai disastri naturali, il sostegno allo sviluppo di infrastrutture verdi come giardini pluviali o pavimentazioni permeabili per ridurre il rischio di inondazioni, o la promozione di pratiche di gestione degli incendi come incendi controllati o la creazione di spazio difendibile intorno case. Essendo proattivi e sostenendo queste iniziative, gli individui contribuiscono a creare un ambiente più sicuro e resiliente per tutti.

La preparazione della comunità è più efficace quando è inclusiva e tiene conto delle esigenze di tutti i membri, compresi coloro che potrebbero essere colpiti in modo sproporzionato dalle catastrofi. Le popolazioni vulnerabili, come gli anziani, i disabili, le famiglie a basso reddito e gli immigrati, spesso affrontano ulteriori sfide durante e dopo i disastri. Questi gruppi potrebbero avere un accesso limitato alle informazioni, ai trasporti o alle risorse finanziarie, il che rende più difficile per loro prepararsi adeguatamente o riprendersi in seguito. Gli sforzi di preparazione inclusivi garantiscono che queste popolazioni non vengano lasciate indietro. Ciò può essere ottenuto offrendo formazione sulla preparazione alle catastrofi in più lingue, garantendo che i rifugi di evacuazione siano accessibili alle persone con disabilità e fornendo assistenza finanziaria a coloro che potrebbero non avere i mezzi per creare le proprie scorte di emergenza.

La preparazione finanziaria è anche una componente fondamentale della resilienza sia individuale che comunitaria. I disastri naturali possono provocare ingenti perdite finanziarie, compresi danni a case, aziende e proprietà personali. L'assicurazione può aiutare a mitigare alcune di queste perdite, ma molte persone potrebbero non avere una copertura adeguata o potrebbero non essere a conoscenza delle polizze specifiche disponibili per la loro regione. Educare i membri della comunità sull'importanza dell'assicurazione contro le alluvioni, dell'assicurazione contro i terremoti o di altre politiche specifiche per i disastri aiuta le persone a prendere decisioni informate sulla loro preparazione finanziaria. Inoltre, avere un piano di risparmio o un fondo di emergenza accantonato per i disastri garantisce che le persone siano meglio attrezzate per gestire le conseguenze finanziarie di una crisi senza indebitarsi o perdere la casa.

In tempi di disastro, la leadership gioca un ruolo cruciale nel guidare le comunità attraverso le sfide che devono affrontare. Tuttavia, la leadership non è limitata ai funzionari governativi o ai soccorritori. Ogni individuo ha il potenziale per agire come leader assumendosi la responsabilità della propria preparazione e aiutando gli altri a fare lo stesso. Ciò potrebbe comportare l'organizzazione di gruppi di preparazione del quartiere, l'offerta di trasporto ai centri di evacuazione o semplicemente l'essere una fonte di informazioni affidabili per altri. La leadership in situazioni di disastro spesso arriva da luoghi inaspettati e le azioni di individui comuni possono avere un profondo impatto sulla resilienza complessiva di una comunità.

L'apprendimento e l'adattamento continui sono fondamentali per migliorare la preparazione alle catastrofi sia a livello individuale che comunitario. Dopo ogni disastro, ci sono lezioni da imparare: da cosa ha funzionato bene o da cosa si sarebbe potuto fare diversamente. Condurre valutazioni post-disastro, in modo formale o informale, consente agli individui e alle comunità di identificare le lacune nei loro piani di preparazione e adottare misure per affrontarle. Ad esempio, se un particolare sistema di comunicazione fallisse durante un disastro, una comunità potrebbe decidere di investire in un sistema più affidabile per le emergenze future. A livello individuale, qualcuno potrebbe rendersi conto che è necessario diversificare la propria fornitura alimentare di emergenza o acquistare un generatore portatile più durevole. Imparare dalle esperienze passate è fondamentale per affinare le strategie di preparazione e garantire una maggiore resilienza di fronte alle catastrofi future.

Il ruolo dell'educazione nella preparazione alle catastrofi non può essere trascurato. Le scuole, i luoghi di lavoro e le organizzazioni comunitarie hanno tutti la responsabilità di educare i propri membri sui rischi di catastrofe e sulle azioni che possono intraprendere per rimanere al sicuro. Questa educazione dovrebbe iniziare in tenera età, insegnando ai bambini le competenze di base in materia di sicurezza, come come evacuare durante un incendio o come cercare riparo durante un tornado. Anche gli adulti beneficiano di una formazione continua, attraverso corsi di primo soccorso, simulazioni di risposta ai disastri o sessioni informative sulle risorse di emergenza locali. Una comunità ben informata è una comunità preparata e, investendo nell'istruzione, gli individui e le organizzazioni contribuiscono a costruire una cultura di preparazione a vantaggio di tutti.

In conclusione, gli insegnamenti chiave tratti dal libro sottolineano l'importanza di rimanere vigili e aggiornare continuamente i piani di preparazione per riflettere i mutevoli rischi e bisogni. La responsabilità individuale, l'impegno della comunità, l'aiuto reciproco e la preparazione finanziaria svolgono tutti un ruolo essenziale nella costruzione della resilienza ai disastri naturali. Adottando misure proattive per prepararsi ai disastri, gli individui non solo proteggono se stessi, ma contribuiscono anche alla sicurezza e al benessere generale delle loro comunità. L'apprendimento continuo, l'adattamento e la leadership sono fondamentali per garantire che gli sforzi di preparazione rimangano efficaci di fronte a un mondo in continua evoluzione. Attraverso una combinazione di azione individuale e sforzo collettivo, le comunità possono costruire la resilienza necessaria per resistere e riprendersi dalle sfide poste dai disastri naturali.

www.ingramcontent.com/pod-product-compliance
Lightning Source LLC
Chambersburg PA
CBHW052153220526
45471CB00004B/1660